Züge der Welt

Brian Solomon

ZÜGE DER WELT

200 Jahre Loks und Züge

BRIAN SOLOMON

transpress

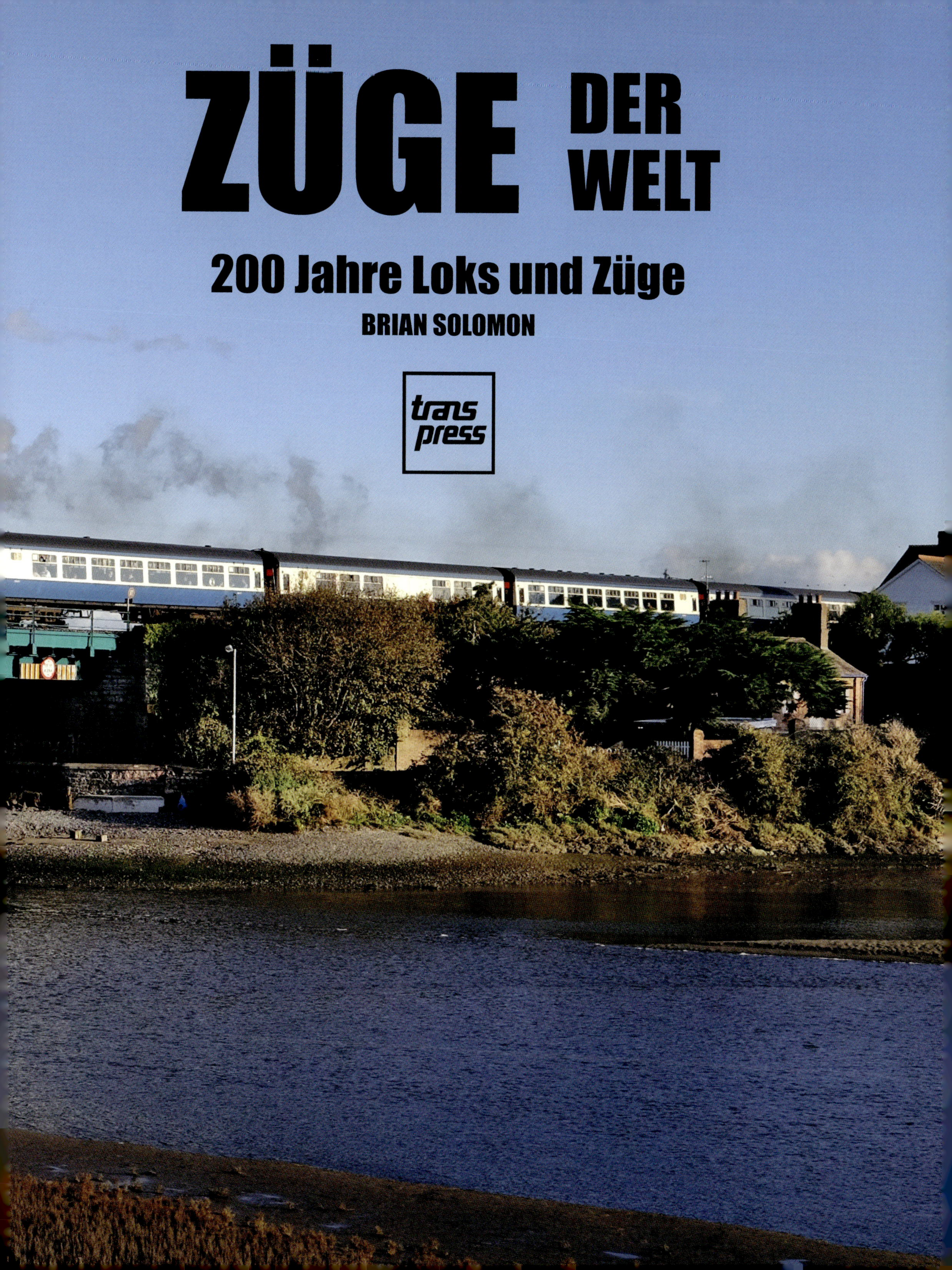

Inhalt

Führerstand 1

Einleitung

Dieses Buch ist eine historische Betrachtung von bedeutenden Lokomotiv- und Triebwagenbauarten aus aller Welt. Die Auswahl erfolgte aus einer Vielzahl von Gründen, mal handelte es sich einst um neuartige Konstruktionen, oder die Maschinen wiesen bedeutende oder außergewöhnliche Leistungsmerkmale auf oder sie waren von besonders hoher Langlebigkeit. Andere Maschinen fanden ihren Weg in dieses Buch, weil sie in einem besonders großen geografischen Gebiet anzutreffen waren, einen großen technologischen Einfluss ausübten oder schlicht als Meilensteine der technischen Entwicklung gelten. Zu diesen Lokomotiven gehören solche, die auf zahllosen Bahnlinien weltweit im Einsatz waren und damit das Eisenbahnwesen verändert haben. Einige Typen waren sogar universell einsetzbar, wie z.B. die »Amerikanische Bauart« der Dampflokomotiven mit der Achsfolge 2'B, die im 19. Jahrhundert das Bild der Eisenbahn in Nordamerika beherrschte und in großer Zahl für Eisenbahnen in aller Welt gebaut wurde. Andere hier erwähnte Loks wiederum stellten eher obskure Entwicklungen dar, sind aber dennoch bemerkenswert und bedeutsam und gehören zur großen Geschichte des internationalen Eisenbahnwesens. So mögen die Lokomotiven der irischen Baureihe 121 zahlenmäßig aus internationaler Sicht fast unbedeutend erscheinen, doch steht diese Type für den ersten Export eines dieselelektrischen Triebfahrzeugs aus den Hallen von General Motors in LaGrange, Illinois, nach Westeuropa, wodurch seinerzeit die Überlegenheit der amerikanischen Dieseltechnologie aus der Mitte des 20. Jahrhunderts gegenüber den viel traditionelleren Lokomotivbauformen europäischer Hersteller demonstriert wurde. Für Irland aber war diese Type schlicht die bedeutendste Lokomotive des 20. Jahrhunderts.

Im ganzen Buch habe ich Abschnitte mit gemeinsamen Entwicklungsfäden verbunden. Ich hoffe, dass die weitgehend chronologische Gliederung dem Leser hilft, die Bedeutung der einzelnen Lokomotivtypen zu erkennen und zu verdeutlichen, wie sie die spätere Entwicklung auf der ganzen Welt beeinflusst haben. Im 19. Jahrhundert trugen amerikanische und britische Konstrukteure dazu bei, überall technologische Präzedenzfälle für Eisenbahnantriebe zu schaffen. Obwohl ihr kein eigenes Kapitel gewidmet wurde, war die berühmte britische Lok »Rocket« (dt. Rakete), die 1829 von Robert Stephenson gebaut wurde, zweifellos die bedeutendste Lokomotive aller Zeiten. Dank ihrer Konstruktion wurde sie zur Urahnin der meisten danach gebauten Dampflokomotiven.

Das Besondere an der Rocket war, dass sie einen bedeutenden Entwicklungsschritt im Dampflokbau darstellte, denn sie vereinte erstmals alle wichtigen Baumerkmale einer modernen Dampflok: So besaß der Kessel 25 Kupferrohre, die das Wasser schnell erwärmten und für eine ausreichende Dampfproduktion sorgten. Ein Blasrohr leitete den Abdampf der Lok in den Schornstein der Lok. Dadurch entstand ein Sog, der das Feuer anfachte. Die Bleche der Feuerbüchse, deren Bleche doppelt so dick wie die Kesselbleche waren, waren von Wasser umschlossen. Die Zylinder, die die Räder über Treibstangen antrieben, hatte man ursprünglich in einem Winkel von 35° zur Horizontalen unterhalb und hinter dem Kessel befestigt. Dies bewährte sich nicht, so dass die Zylinder in die Horizontale verlegt wurden.

Dies erwies sich gegenüber allen früheren Lokomotivkonstruktionen als überlegen und legte damit den Grundstein des weltweiten Lokomotivbaus bis zum Aufkommen der Elektro- und später der Dieseltraktion.

Mein Blick ging dabei über die Maschinen selbst hinaus, um auch die Konstrukteure einbeziehen zu können bzw. die teils enormen Hürden darzustellen, die sie zu überwinden hatten, und um ihre genialen Lösungen aufzuzeigen. Ich habe versucht, eine breite Palette von Typen auszuwählen: Dampf-, Diesel- und Elektroloks, sowohl Maschinen des Personen- wie auch des Güterverkehrs und natürlich große und auch kleinere Loktypen. Mir ging es darum, Triebfahrzeuge auszuwählen, die von vielen Eisenbahnen auf der ganzen Welt eingesetzt werden. Nachvollziehbarerweise kann die Auswahl nicht umfassend sein und so ist dies weniger eine bloße Auflistung bedeutender Typen sondern vielmehr die Geschichte einer ausgewählten Gruppe interessanter und bedeutender Maschinen. Zwangsläufig können damit viele Lokomotiven der Superlative hier nicht aufgeführt werden. Diese sind aber vielleicht das Thema für einen weiteren zukünftigen Band.

Blick in den Führerstand des diesel-elektrischen Schnelltriebwagens SVT 877 »*Fliegenden Hamburger*« von 1932. *Hundert Jahre Deutsche Eisenbahnen, Solomon collection*

American

Der »American« (auch »Standard« oder »Eight-Wheeler«) mit seiner Achsfolge 2'B war Mitte des 19. Jahrhunderts die dominierende Lokomotivbauart bei den nordamerikanischen Eisenbahnen und eine der beständigsten Ikonen des frühen amerikanischen Eisenbahnwesens überhaupt. Die Achsfolge wurde 1836 vom Lokomotivhersteller Henry R. Campbell aus Philadelphia eingeführt, der die erste bekannte 2'B-Lokomotive für die Philadelphia, Germantown & Norristown Railroad patentierte und konstruierte. Ein Jahr später verbesserten die Konstrukteure Eastwick und Harrison den Typ erheblich, indem sie einen Ausgleichshebel einführten, der die Maschine mit einer Dreipunktaufhängung versah.

Diese Aufhängung in Kombination mit vier Triebrädern und einem zweiachsigen Laufdrehgestell machte die Achsfolge 2'B ideal für Amerikas leicht gebaute und oft wenig sorgsam verlegte Gleiskonstruktionen. Die »American« wurden von 1850 bis in die 1880er Jahre in großem Umfang gebaut; danach setzten sich neue Achsfolgen mit größeren Lokomotiven durch. Dennoch bestellten viele Eisenbahnen bis ins 20. Jahrhundert hinein immer wieder neue und größere Loks dieser Achsfolge. Obwohl längst technisch veraltet überlebten einige Exemplare bis zum Ende der Dampftraktion in den USA Ende der 1950er Jahre und in Kanada Anfang der 1960er Jahre.

Am besten in Erinnerung geblieben sind die aufwändig verzierten und bunt bemalten viktorianischen Schmuckstücke, die aus den ersten Jahrzehnten der Eisenbahn-Ära stammen, als die meisten Lokomotiven noch mit Holz befeuert wurden. Herausragende Merkmale vieler Lokomotiven aus der Mitte des 19. Jahrhunderts waren daher aufwändige, opulente Schornsteinkonstruktionen zur Minimierung von Schäden durch Holzfunken. Nach dem amerikanischen Bürgerkrieg (1861 – 1865) stiegen die Eisenbahnen allmählich auf Kohle um. Sie bot einen höheren Brennwert und ermöglichte den Bau immer leistungsstärkerer Maschinen bei gleichzeitiger Produktivitätssteigerung des Heizers. Aber der Kohlenruß war eben auch schmutzig: Das Kohlezeitalter trug daher zum Ende der farbenfrohen Lackierungen amerikanischer Lokomotiven bei und führte bald zu einem strengeren Erscheinungsbild, als viele amerikanische Eisenbahnen ihre Lokomotiven dann aus praktischen Gründen einfach schwarz lackierten.

Diese Loks der Achsfolge 2'B wurden wegen ihrer Vielseitigkeit geschätzt. Hinzu kam, dass man in den ersten Jahren viele Lokomotiven noch für universale Einsatzmöglichkeiten kons-

↙ Lok 12 der *Nevada Virginia & Truckee* wurde 1873 von Baldwin erbaut. Sie wurde für die Ausstellung im *California State Railroad Museum* in Sacramento restauriert und in ihr Erscheinungsbild um 1900 zurückversetzt.
Brian Solomon

↗ Matthias Forney stellte diesen amerikanischen Klassiker in seinem Buch »Catechism of the Locomotive« (dt. Katechismus der Lokomotive) vor, das 1873 veröffentlicht wurde, also zu einer Zeit, als der American die dominierende Lokomotivbauart in Nordamerika war. Diese von Rogers gebaute Lokomotive weist den »Wagon top«-Kessel auf, der für sein konisches Profil bekannt ist.
Catechism of the Locomotive, Solomon collection

→ Holzgefeuerte Lokomotiven benötigten aufwändige Schornsteine mit Schirmen und anderen Funkenfängern, um die Wahrscheinlichkeit von Bränden an der Strecke zu minimieren. Das Bild zeigt eine American des Plant System; dieses Teilnetz im Staate Georgia gehörte zur Bahngesellschaft *Atlantic Coast Line.*
Solomon collection

EIGHT-WHEELED "AMERICAN" LOCOMOTIVE,
BY THE GRANT LOCOMOTIVE WORKS, PATERSON, N. J.
Scale, ⅛ in.=1 ft.

DANIEL NASON
DANIEL NASON

36
36
36

← Die Lok »Daniel Nason« der *Boston & Providence* ist ein seltenes erhaltenes Beispiel einer Lokomotive mit innenliegenden Zylindern (die somit nicht sichtbar sind). Diese Bauart wurde von George S. Griggs von *B&P* entworfen und 1858 gebaut. Heute ist sie im Verkehrsmuseum in Kirkwood, Missouri, ausgestellt.
Solomon collection

↗ Einige Eisenbahnen setzten Loks mit der Achsfolge 2'B bis in die Mitte des 20. Jahrhunderts ein, weil diese Loks vergleichsweise kostengünstig zu betreiben waren und sich gut auch für die leicht trassierten Nebenstrecken eigneten. Lok 36 der *Soo Line* wurde am 9. Juli 1940 in Superior, Wisconsin, mit einem Personenzug aufgenommen.
Solomon collection

← Die Lok 871 der *New York Central & Hudson River Railroad* ist ein Beispiel für eine stark weiterentwickelte Lok des Typs American. Sie wurde 1890 von den Schenectady Locomotive Works für den Schnellzüge gebaut wurde. In ihrer Blütezeit beförderte sie luxuriöse Schnellzüge entlang des Ufers des Hudson River. Ende 1924 wurde sie verschrottet.
Solomon collection

truierte. Als die Eisenbahnen jedoch schwerere Güterzüge und schnellere Personenzüge einsetzten, setzten sich bald auch individuellere Lokomotivkonstruktionen durch. Lokomotiven mit größeren Triebrädern waren auf höhere Geschwindigkeit ausgelegt, während sich kleinere Triebräder besser zum Anfahren und Bewegen schwerer Güter eigneten. Während der Zeit der Vorherrschaft der »Americans« nahm die durchschnittliche Größe der Maschinen mit dieser Achsfolge enorm zu. Während die frühen Zweikuppler typischerweise 12 bis 15 Tonnen wogen, brachten die kohlegefeuerten Maschinen Ende des 19. Jahrhunderts bereits zwischen 40 und 45 Tonnen auf die Gleiswaage und stellten damit die winzigen Holzverbrenner aus der Anfangszeit bei weitem in den Schatten.

Zu den berühmtesten Loks der Achsfolge 2'B gehörten der »General« der *Western & Atlantic*, bekannt für seine Rolle im Filmklassiker »Great Train Chase« (dt. Große Verfolgungsjagd), der während des amerikanischen Bürgerkriegs spielt. Die Maschine wird heute im Southern Museum of Civil War and Locomotive History in Kennesaw, Georgia, aufbewahrt. Ebenfalls bekannt sind die »Jupiter« der Central Pacific und die Lok 119 der Union Pacific, die sich am 10. Mai 1869 anlässlich der Fertigstellung der ersten amerikanischen transkontinentalen Eisenbahn in Promontory, Utah, trafen (wo heute Nachbauten dieser berühmten Lokomotiven das historische Ereignis für Besucher als Show-Spektakel nachstellen). Ebenso wenig darf die Lok 999 der *New York Central & Hudson River Railroad* vergessen werden, die am 10. Mai 1892 mit dem *Empire State Express* in Richtung Buffalo raste und Berichten zufolge die damals sensationelle Geschwindigkeit von 181 Stundenkilometern erreichte!

Camelback

Während des 19. Jahrhunderts wurde Anthrazitkohle als bevorzugter Heizbrennstoff für den Hausgebrauch verkauft. Die Kohlebahnen in Ost-Pennsylvania florierten, weil sie immer mehr Anthrazitkohle von den Bergwerken auf den Markt brachten. Diese Eisenbahnen besaßen deshalb reiche Vorräte an Anthrazitabfällen. Doch die Abfälle konnten nicht ohne weiteres in einem herkömmlichen Lokomotivkessel verbrannt werden. 1877 löste die *Philadelphia & Reading*, das größte und wohlhabendste Anthrazittransportunternehmen, dieses Problem, als ihr Generaldirektor, John E. Wootten, einen neuen Lokomotivtyp mit flacher Feuerbüchse und mit einem breiten Rost entwickelte, der eine ausreichende Verbrennung von Anthrazit ermöglichte. Woottens Feuerbüchse war so groß, dass sie nur wenig Platz für das Lokpersonal ließ, so dass eine ungünstige Anordnung des Führerhauses erforderlich wurde, bei der der Lokführer auf dem Kessel *vor* der Feuerbüchse stand, während sich die kleine Plattform für den Heizer *hinter* der Feuerbüchse befand. Lokomotiven, die diese ungünstige Anordnung mit geteilter Kabine benutzten, wurden als »Camelback« (dt. Kamelrücken) bezeichnet. Damit unterschieden sie sich von der noch aus der Zeit von vor dem amerikanischen Bürgerkriegs stammenden Anordnung des Herstellers Ross Winans, die bildlich treffend als »Winans Camel« (dt. Winans Kamel) bezeichnet wurde.

Zwischen den späten 1870er Jahren und dem Ersten Weltkrieg wurde die »Camelback«-Anordnung von den amerikanischen Anthrazit-Transporteuren weitgehend übernommen, darunter von den Bahngesellschaften *Central Railroad of New Jersey, Erie Railroad, Delaware & Hudson, Lackawanna, Lehigh Valley, Ontario & Western* und natürlich der *Reading Company*. Diese wurden mit verschiedenen Achsfolgen gebaut, von bescheiden proportionierten B-Kupplern für Rangierarbeiten bis hin zu Erie's enormen D'D-Mallets, den Compounds. Sie wurden sowohl für den Güter- als auch für den Personenverkehr entwickelt. Einige Eisenbahnen setzten »Camelbacks« auch zur Verbrennung anderer Kohlesorten ein, aber das waren die Ausnahmen von der Regel.

Bis zum Ersten Weltkrieg reifte die Konstruktion der Feuerbüchse aus und ermöglichte schließlich anthrazitkohle-befeuerte Maschinen mit konventioneller Anordnung des Führerstands. Auch gab es bedeutende Fortschritte bei der Konstruktion von Maschinen, die Bitumen als Brennstoff nutzten. Dies machte die »Camelback«-Anordnung schließlich überflüssig.

»Camelbacks« waren bei den Besatzungen unbeliebt, weil sie schwierig und unangenehm zu bedienen waren. Die jeweiligen Arbeitsplätze von Heizer und Lokführer waren unbequem, und dass keine Kommunikation zwischen ihnen stattfinden konnte, erwies sich als problematisch. Dennoch überlebten bei einigen wenigen Eisenbahnen die »Camelbacks« sogar den Zweiten Weltkrieg, verkehrten also noch Jahrzehnte nachdem sie längst als veraltet galten. Die *Central Railroad of New Jersey* war die letzte, die sie bis Anfang der 1950er Jahre im Pendelverkehr von Jersey City aus einsetzte. Eine Handvoll der kuriosen »Camelbacks« sind erhalten geblieben, darunter Exemplare der *Reading Company, CNJ* und *Lackawanna*.

→ 1906 posiert eine Lokmannschaft mit der Lok 23 (Achsfolge 2'B) der *Atlantic City Railroad*, die zum Konzern der Reading Company gehörte. Diese Lokomotive wurde mit sehr hohen Antriebsrädern gebaut, um Schnellzüge für den Personenverkehr mit hohen Geschwindigkeiten ziehen zu können. Beachten Sie, dass der Lokführer sich sitzend aus dem Führerhaus herauslehnt.
J. E. Carney, Solomon collection

↘ Die größten Camelbacks waren die drei massiven D'D-Mallet-Verbundloks der *Erie Railroad*, die 1907 von Alco gebaut wurden. Diese waren in Susquehanna, Pennsylvania, beheimatet und dienten als Vorspannloks für schwere Güterzüge, die über den Gulf Summit gen Osten fuhren.
Fotograf unbekannt, Solomon collection

23

1575

P & R
349

↖ Für die stark belasteten Strecken im Osten Pennsylvanias, die dem Anthrazittransport dienten, wurden sowohl die Loktypen mit der Achsfolge 1'D als auch die »Camelback«-Kabinenanordnung konstruiert. Beide wichtigen Entwicklungen präsentiert hier in Kombination die 1'D-Consolidation mit der Nummer 1575 der *Reading Company*, die als Anthrazitbrenner für schwere Güterzüge konzipiert worden war.
Fotograf unbekannt, Solomon collection

← Die Doppelkabinen-Camelback wurde von John E. Wootten von der *Philadelphia & Reading* erfunden, um eine breite, flache Feuerbüchse zu ermöglichen. Die 1886 gebaute Lok 349 der P&R (Achsfolge 2'B) war ein frühes Beispiel für die »Camelback«-Anordnung, bei der das kunstvoll verzierte Führerhaus besonders hervorsticht.
Fotograf unbekannt, Solomon collection

↑ Die Camelback-Bauweise war bei Loks des sog. Pazifik-Typs (Achsfolge 2'C1') sehr selten. Dieses Exemplar der *Lehigh Valley Pacific* wurde 1906 gebaut und in den 1920er Jahren in Allentown aufgenommen.
Chas. E. Fisher, Solomon collection

Baureihe J15

Die Baureihe 101 (Achsfolge C) der *Great Southern & Western Railway (GS&WR)* war ein Klassiker der Ingenieurskunst und ein wirklich universell einsetzbares Arbeitspferd. Nach der Gründung der *Great Southern Railways* im Jahr 1924 wurden die Loks dann als Baureihe J15 eingereiht. Die lange Karriere der Baureihe J15 bei den irischen Eisenbahnen war das Ergebnis ihrer Zuverlässigkeit, Vielseitigkeit und ausgesprochen einfachen Wartung und Bedienung. Obwohl eigentlich ein Kind des 19. Jahrhunderts wurde diese Type in größerer Zahl gebaut als jede andere irische Lokomotivtype und so blieb sie auch im Einsatz bis diese Loks in den 1950er und frühen 1960er Jahren von den Diesellokomotiven verdrängt wurden.

Die Great Southern & Western Railway war die wichtigste und größte irische Eisenbahngesellschaft. Sie konzentrierte sich auf Dublin und baute ihre Strecken gemäß der irischen Praxis mit einer Spurweite von 1600 mm. 1864 übernahm der in Dublin geborene und ausgebildete Alexander McDonnell die Leitung der Lokomotivabteilung von *GS&WR*, nachdem er den Eisenbahnbetrieb in England und Europa studiert hatte. Bald nach Übernahme seiner Position arbeitete McDonnell mit der Firma Beyer, Peacock & Company in Manchester, England, zusammen, um eine neue Güterzuglokomotive zu entwerfen; daraus entstand die grundlegende, aber dennoch leistungsstarke Konstruktion, aus der die Baureihe 101 hervorging.

Die ersten Prototypen entstanden auf der Basis älterer Lokomotiven im Inchicore-Werk von GS&WR in Dublin. Spätere Lokomotiven wurden auf verschiedene Weise von Beyer, Peacock, Atlas Works of Sharp, Steward & Company und bei Inchicore gefertigt. Daraus resultierten bis 1903 insgesamt 119 Maschinen der Baureihe sowie ein paar ähnlicher Maschinen für die Dublin & Belfast Junction Railway. Obwohl während der langen Fertigungsperiode und Einsatzdauer der J15 zahlreiche Änderungen eingeführt wurden, war die vielleicht erfolgreichste Änderung der Grundkonstruktion die Einführung der Heißdampftechnik zu Anfang des 20. Jahrhunderts. Nicht alle J15 wurden danach modifiziert und so blieben einige als traditionell gebaute Maschinen bis zu ihrer Stilllegung in den 1960er Jahren erhalten.

Die 1964 gegründete *Railway Preservation Society of Ireland* (*RPSI*) unternimmt Sonderfahrten mit historischen Fahrzeugen nördlich und südlich der Grenze zwischen der Republik

↙ Es war ein nebliger Nachmittag in der Grafschaft Kerry, als die Lok 186 am 6. Mai 2006 einen Sonderzug der Railway Preservation Society of Ireland über das berühmte Quagmire-Viadukt auf dem Weg nach Killarney schleppte.
Brian Solomon

→ Die Museumslok 186 der *Railway Preservation Society of Ireland* auf dem Weg nach Westen mit einem Sonderzug auf der Sligo-Linie bei Hill of Down im Jahr 2007.
Brian Solomon

186

Irland und Nordirland. Zu ihrer Flotte erhaltener irischer Dampflokomotiven gehören zwei Exemplare der J15: Die Lok 184 ist eine traditionelle Maschine, die 1880 in Inchicore gebaut wurde, während die 186 im Jahr 1879 von Sharp, Stewart & Company gefertigt wurde und heute den Umbau auf Heißdampf repräsentiert. Beide Maschinen waren in den 1960er und 1970er Jahren regelmäßig im Einsatz, aber aufgrund eines Schadens an der 184 wurde diese in den letzten Jahren lediglich ausgestellt. Die Maschine 186 wurde 2004 zum 40-jährigen Jubiläum von RPSI wieder in Betrieb genommen und absolvierte ein Jahrzehnt lang zahlreiche Sonderfahrten, bevor sie 2014 nach Ablauf der Fristen abgestellt wurde. Beide befinden sich heute in den Whitehead-Werkstätten von *RPSI* in Nordirland.

↙ Die Lokomotive 186 wurde annähernd so restauriert, wie sie im 20. Jahrhundert in minimalistischem Anthrazit aussah. Bei einer Universallok wie der Gattung J15 hielt man sich auch bei der Lackierung nicht mit kunstvollen Verzierungen auf.
Brian Solomon

→ Eingehüllt in den eigenen Dampf nimmt die Museumslok 186 in Portlaoise 2006 Wasser. Dank des Umbaus auf Heißdampf konnte die Leistung der Lokomotive gesteigert werden. Die Schwesterlokomotive 184 überlebte dagegen Nassdampfer bis zum Ende des regulären Dampfdienstes in Irland.
Brian Solomon

↘ Der schrille Pfiff von Lok 186 durchbricht die abendliche Stille in Farrenfore in der irischen Grafschaft Kerry. Die *Railway Preservation Society* of Ireland hält mit ihrer kleinen Flotte von aktiven Lokomotiven die Erinnerung an die Dampflokzeit lebendig.
Brian Solomon

186

186

Consolidation

Das englische Wort »Consolidation« bedeutet unter anderem »Zusammenlegung«. 1865 benötigte Alexander Mitchell als Chefmechaniker der Eisenbahngesellschaft *Lehigh and Mahanoy Railroad* in Pennsylvania eine leistungsstärkere Güterzuglok für den Anthrazittransport mit verbesserten Laufeigenschaften. Daher erweiterte er die Konstruktion eines Vierkupplers um eine Vorlaufachse zur Achsfolge 1'D. Das einachsige Vorlaufgestell sollte die Kurvenläufigkeit der großen Maschine verbessern. Mitchell schloss einen Vertrag mit Baldwin aus Philadelphia ab, um seine besondere Konstruktion zu bauen. Die etablierte Lokbauschmiede akzeptierte die Order aber nur widerwillig, da ihre Konstrukteure Mitchells Weiterentwicklung überhaupt nicht befürworteten. Während des Baus wurden die *Lehigh* und *Mahanoy* zur *Lehigh Valley* zusammengelegt, was Mitchell zunächst eine Beförderung einbrachte und außerdem dazu führte, dass die neue *Lehigh Valley* nun die Neukonstruktion erbte. Anlässlich der feierlichen Vereinigung der beiden Bahngesellschaften erhielt die neue Type die Bezeichnung Consolidation.

Als sich die Eisenbahnen noch im Ausbau befanden, war das Wort »groß« ausgesprochen relativ, und was einmal als ungewöhnlich große Lokomotivkonstruktion begonnen hatte, entwickelte sich allmählich zu einem ganz normalen Standardtyp. Zur Jahrhundertwende hatte sich die 1'D-Maschinen zur gängigsten Type für Güterzügen in Nordamerika entwickelt. Sie wurde ein halbes Jahrhundert lang kontinuierlich produziert, so dass schätzungsweise 23.000 Consolidations für amerikanische Eisenbahnen und weitere 10.000 für andere Länder gebaut wurden. Weltweit wurde die Achsfolge 1'D als klassische Bauform übernommen und für unzählige Anwendungen angepasst, was sie zu einer der am weitesten verbreiteten Lokbauarten weltweit machte.

← Die Union Pacific war ein früher Abnehmer von Loks des Typs »Consolidation« und so kam schon 1868 eine solche Lok aus der Fertigung von Baldwin auf ihre Gleise. Die Abbildung zeigt die Lok »Taunton«, die im Jahr 1883 als Baureihe U mit der Nummer 268 gebaut wurde. Sie war charakteristisch für die frühen Loks dieses Typs bei der UP mit ihrem diamant-förmigen Schornstein, dem polierten Kessel und den verzierten Dampf- und Sanddomen. Zu ihrer Bauzeit galt sie eindeutig als eine riesige Lokomotive.
Solomon collection

← Amerikanische Hersteller bauten die Consolidation-Type für den Export an Eisenbahnen auf der ganzen Welt. Die American Locomotive Company (Alco) lieferte diese Lok Anfang des 20. Jahrhunderts nach Portugalete im spanischen Baskenkand.
Alco, Solomon collection

↙ Lok 828 der *Southern Pacific* Baureihe C-9 war das klassische Arbeitspferd für Güterzüge im frühen 20. Jahrhunderts. Einige Loks dieser Baureihe blieben mehr als ein halbes Jahrhundert lang im Einsatz, bevor sie in den 1950er Jahren durch Diesellokomotiven ersetzt wurden.
C. W. Witbeck, Solomon collection

← Die *Denver & Rio Grande* erwarb 1881 diese Consolidation für die Spurweite von 914 mm (3-Fuß) von Baldwin. Sie wird im *Colorado Railroad Museum* in Golden für die Nachwelt erhalten und ist ein seltenes Beispiel einer einsatzfähigen amerikanischen Dampflokomotive aus dem 19. Jahrhundert.
Brian Solomon

↙ Lok 501 der *Maine Central* wurde von Alco für schwere Güterzüge auf der Mountain Division über New Hampshire's Crawford Notch gebaut. Einst Teil der Steamtown-Sammlung von Nelson Blount, wird sie heute bei der *Conway Scenic Railroad* in North Conway, New Hampshire, aufbewahrt und soll dort wieder in Betrieb genommen werden.
Brian Solomon

↙ Lok 734 der *Western Maryland Scenic* war ursprünglich für die *Lake Superior & Ishpeming* gebaut worden. Die Aufnahme zeigt diese Lok beim Durchfahren der berühmten *Helmstetter's Curve* auf der Steigungsstrecke nach Frostburg, Maryland. Dies war eine Maschine aus der Spätzeit mit einem großen Kessel, der die gleiche oder sogar größere Leistung aufwies als viele mittelgroße Loks mit der Achsfolge 1'D1'.
Brian Solomon

Stanier 8F Consolidation

Im 20. Jahrhundert wurden die Lokgattungen der Achsfolge 1'D auf britischen und kontinentaleuropäischen Eisenbahnen verbessert und am Vorabend des Ersten Weltkriegs als Standard-Güterzuglokomotive adaptiert, die bis zum Ende der Dampflokzeitalters weit verbreitet blieb. Eine der besten britischen Konstruktionen war das Werk von William Stanier (1876-1965) bei der *Great Western Railway*. Er wurde als Teenager in den Swindon-Werken des Unternehmens ausgebildet und arbeitete sich unter George J. Churchward und C. B. Collett, den leitenden Mechanik-Ingenieuren der *GWR*, nach oben. 1932 wurde Stanier als Chef Mechanical Officer von der *London, Midland & Scotland* rekrutiert, wo er sich einen ausgezeichneten Ruf erarbeitete, indem er die effektivsten Konstruktionspraktiken von *GWR* auf neue standardisierte Typen für Lokomotiven der *LMS* konzentrierte. Seine bekannteste und mit Abstand am meisten gebaute Lokkonstruktion war die 1935 eingeführte, serienmäßig hergestellte Baureihe 8F mit der Achsfolge 1'D. Diese Gattung umfasste insgesamt 852 Maschinen, darunter 133 Stück, die während des Zweiten Weltkriegs für das Kriegsministerium gebaut wurden. Viele davon wurden in den Nahen Osten geschickt, unter anderem nach Ägypten, in den Iran und in die Türkei, wobei einige Loks auch nach dem Krieg noch Jahrzehnte weiter funktionierten: Einige türkische Maschinen blieben sogar bis in die 1980er Jahre mit Steuerwagen im Einsatz. Die Baureihe 8F wurde wegen ihrer relativ geringen Achslast und hohen Zugkraft geschätzt, wodurch sie auf vielen Strecken eingesetzt werden und dennoch auch relativ schwere Züge befördern konnte. Sie war dafür bekannt, dass sie bei sparsamem Kraftstoff- und Wasserverbrauch gute Fahreigenschaften bot und leicht zu warten war.

↙ Die restaurierte Lok 48431 der *British Railways*-Baureihe 8F simmert auf der *Keighley & Worth Valley Railways* vor sich hin, wo sie die Besucher dieser beliebten historischen Eisenbahn erfreut.
Brian Solomon

→ Staniers Baureihe 8F gehörte zu den am häufigsten gebauten Dampflokomotiven in England. Lok 48151 führte 2003 beim britischen Crewe eine Sonderfahrt über die Hauptstrecke.
Brian Solomon

↘ Die 8F ist eine klassische britische Dampflokomotive, die ein schönes, ausgewogenes Design aufweist, das sich über Jahrzehnte unter anspruchsvollen Einsatzbedingungen bewährt hat.
Brian Solomon

THE LEGEND
48151
48151

48151

Fairlies

In den 1860er und 1870er Jahren gehörte Robert F. Fairlie zu den führenden britischen Förderern von Schmalspurbahnen. Schmalere Gleise, ein geringeres Lichtraumprofil und schärfere Kurven erforderten eine weniger aufwändige Infrastruktur, wodurch der Bau von Schmalspurbahnen in Berggebieten und an solchen Orten billiger wurde, wo Normalspurbahnen als zu kostspielig angesehen worden wären. In den 1860er Jahren erfand, patentierte und baute Fairlie eine charakteristische Doppellokomotive mit Doppelkessel. Anstelle eines starren Radstands mit am Rahmen der Maschine befestigten Antriebsrädern verwendete seine neuartige Lokomotive zwei Paare schwenkbarer Triebdrehgestelle, eines unter jedem Kessel, mit einem zentralen Führerstand zwischen den Kesseln. Da das Gesamtgewicht der Maschine zu jeder Zeit auf den Antriebsrädern lag, behauptete Fairlie, dass seine Achsanordung der Leistung einer Normalspur-Lokomotive entspräche, während sie gleichzeitig in der Lage sei, sehr enge Kurven ohne Reibungsverlust zu befahren.

Fairlie war ein Visionär: Er nannte daher seine erste Lokomotive »Progress« (dt. Fortschritt). Diese wurde 1865 für die kuriose *Neath & Beacon Railway* gebaut. Vier Jahre später erregte seine neue Lok die Aufmerksamkeit der Eisenbahnwelt, als eine »Fairlie« mit dem Namen »Little Wonder« für die walisische Schiefertransportbahn *Ffestiniog Railway* (Spurweite 2 Fuß) gebaut wurde. Die *Ffestiniog* gehörte zu den wichtigsten Anwendern von »Fairlies« in Großbritannien und setzte sie mehr als 70 Jahre lang ein. Ihr Erbauer verkaufte derweil größere Exemplare seiner patentierten Maschinen an Eisenbahnen in der ganzen Welt, vor allem nach Mittel- und Südamerika, Afrika und Australien. Amerikas Pionier der 914-mm-Spurweite (3 Fuß), die *Denver & Rio Grande*, kaufte eine einzelne »Fairlie« namens »Mountaineer«, die in England von der Vulcan Foundry gebaut und im Juni 1873 nach Colorado geliefert wurde. Diese war typisch für die verbesserten doppelendigen »Fairlies« und verfügte über zwei Feuerbüchsen, um Probleme mit Zugluft zu überwinden. Sie wurde hauptsächlich als Vorspannlok über den Veta-Pass in Colorado eingesetzt, wobei es allerdings in Mexiko ebenfalls »Fairlies« gab.

Auch wenn der Typ »Fairlie« von der Stückzahl her eher unbedeutend ist, ist er für Lokomotivhistoriker von großem Interesse, da seine schwenkbaren Antriebsgestelle die heute übliche Achsfolge von angetriebenen zweiachsigen Drehgestellen vorwegnahmen, die von elektrischen Triebwagen und Lokomotiven und später von dieselelektrischen Lokomotiven auf der ganzen Welt verwendet wurden.

Eine Variante der »Fairlie« war eine schwenkbare Lokomotive mit einem einzigen Kessel und einem einzigen Drehgestell, die von William Mason, einem innovativen Konstrukteur aus Neuengland, entworfen wurde. Obwohl Mason diese Loks als »Mason-Fairlies« bezeichnete, waren sie allgemein als »Mason Bogie«-Maschinen bekannt. (Das Wort »bogie« wird deutsch mit »Drehgestell« übersetzt.) Ungefähr 90 »Mason Bogies« wurden für amerikanische Schmalspurstrecken gebaut, darunter für die *Boston, Revere Beach & Lynn* sowie die *Denver, South Park & Pacific*. Obwohl ein weiterer relativ seltener Typ, waren die »Mason Bogies« eine Pionieranwendung der Walschaerts-Steuerung (die in Deutschland als Heusinger-Steuerung bekannt ist). Im 20. Jahrhundert entwickelte sich dieses Steuerung in Nordamerika zur neuen Standard-Ventilsteuerung für die meisten neuen Lokomotivtypen und trug zur Entwicklung viel größerer und leistungsstärkerer Dampflok-Konstruktionen bei.

Heute bietet die *Ffestiniog-Railway* als Touristen- und Museumsbahn ihren Gästen weiterhin den Einsatz von doppelendigen Fairlie-Dampflokomotiven. Ihre »Merddin Emrys« stammt aus dem Jahr 1879, und auch moderne Nachbauten dieses Typs werden regelmäßig auf dieser landschaftlich reizvollen Schmalspurbahn eingesetzt, die die gleichnamige walisische Bergbaustadt mit Porthmadog verbindet, wo Anschluss zur kürzlich wieder aufgebauten *Welsh Highland Line* besteht.

→ Bei der *Ffestiniog-Railway* verlaufen die Gleise als eine komplette Schleife oder Spirale, um in den Bergen an Höhe zu gewinnen. Diese Art der Trassierung vermeidet kompliziertere und teure Kunstbauten.
Brian Solomon

↘ *Ffestiniog's* »Earl of Merioneth« wurde erst 1979 gebaut, also mehr als ein Jahrhundert nach Fairlies ersten erfolgreichen doppelendigen Schmalspur-Dampfloks.
Brian Solomon

↓↓ Die zweitelige »Fairlie« ist seit Generationen ein fester Bestandteil der walisischen Berge um Ffestiniog.
Brian Solomon

Forneys Tenderlok

Matthias N. Forney (1835–1908) war ein Universalgelehrter aus der viktorianischen Ära: ein praktizierender Journalist, ein erfolgreicher Geschäftsmann und ein Lokomotivkonstrukteur. Daher zählte er zu den bekanntesten Eisenbahningenieuren der damaligen Zeit in Amerika. Er war Herausgeber und Miteigentümer der *Railway Gazette,* einer führenden Eisenbahn-Fachzeitschrift jener Zeit. Sein »Katechismus der Lokomotive« war ein Standardwerk zur Lokomotivkunde. Forney hatte das Lokomotivwesen von Ross Winans (1796–1877), einem der Pioniere unter den amerikanischen Maschinenherstellern, gelernt. Anstatt jedoch britische Praktiken zu fördern und anzupassen, entwarf Winans unverwechselbare amerikanische Lokomotiven, und Forney lernte von Winans innovativem Ansatz.

In den 1870er Jahren wandte Forney sein Genie auf die Konstruktion einer kompakten Tenderlok für den Vorstadtpersonenverkehr an. Eine Maschine, die für kurze Abstände zwischen den Haltestellen, hohe Beschleunigung und schnelle Wendezeiten in den Endbahnhöfen ausgelegt sein sollte, erforderte eine ungewöhnliche Konfiguration im Vergleich zu einer Streckenlok, die Fernverkehrszüge beförderte. Konventionelle Dampflokkonstruktionen erforderten, dass die Maschinen Kraftstoff und Wasser in einem separaten, semipermanent gekoppelten Tender befördern mussten, was einem Zweirichtungsbetrieb nicht förderlich war. Tenderloks dagegen litten unter der geringen Kraftstoff- und Wasserkapazität; sobald ihre Kraftstoff- und Wasservorräte erschöpft waren, wurde das Gewicht der Antriebsräder verringert, wodurch sich dann auch die Zugkraft verringerte. Darüber hinaus wurden die typischen Tenderloks durch einen kurzen, starren Radstand ohne Führungsräder beeinträchtigt, der für schnelle Fahrten ungeeignet ist.

Forneys Lösungsansatz bestand darin, die bisher unerprobte Achsfolge B2 auf einem verlängerten, starren Rahmen zu verwenden, um dort die Lokvorräte unterzubringen. Dadurch wurde das vollständige Gewicht auf die Triebräder der Lok gelegt, während gleichzeitig die betrieblichen Nachteile eines kurzen Radstands vermieden wurden, weil der durchschnittliche Radstand einer typischen zeitgenössischen 2'B-Streckenlok gewählt wurde. Forneys Konstruktion minimierte nicht nur die unerwünschten Auswirkungen abnehmender Kohle-/Wasservorräte auf die Traktion (ein Problem vieler Tenderloks), sondern ließ eine vorwärts und rückwärts gleichermaßen einsetzbare Lokomotive entstehen, die sich sowohl für schnelle Beschleunigung als auch für zügiges Wenden an Endbahnhöfen ohne Drehscheibe eignete.

↙ Diese Illustration aus Matthias Forneys Buch »Katechismus der Lokomotive« zeigt das Konzept des Erfinders für die B2-Tenderlokomotive für den Zweirichtungsbetrieb.
Catechism of the Locomotive, Solomon collection

→ Auf den Hochbahnstrecken von New York City wurden vor der Elektrifizierung um die Jahrhundertwende ganze Flotten kleiner Dampflokomotiven eingesetzt. Dieser kompakte Vertreter des Forney-Typs war auf der *6th Avenue Elevated Line* zu finden, die von South Ferry zur 53rd Street und 9th Avenue in Manhattan führte.
Richard Jay, Solomon collection

→ Diese winzige »Forney« war 1877 ein Produkt der Bostoner Hinkley Locomotive Works, gebaut für die ausgesprochen kurzlebige Bahngesellschaft *Billerica & Bedford* (Spurweite 610 mm). Die Bahn wurde schon nach dem ersten Betriebsjahr eingestellt und die Lok »Puck« an die *Sandy River & Rangeley Lakes Railroad* in Maine verkauft.
Solomon collection

Forneys Zweikuppler wurden einfach als »Forneys« bezeichnet und erwiesen sich als gut geeignet für einen beschleunigten Nahverkehr. Zu den Haupteinsatzgebieten der Forneys gehörte der Betrieb auf den Hochbahnen in New York City und Chicago. Verglichen mit Streckenloks für den Fernverkehr waren die »Forneys« für den Stadtbetrieb relativ klein und leicht, aber leistungsstark, so dass sie auch gut auf den Hochbahnen eingesetzt werden konnten. Als die Hochbahngesellschaften ihren Betrieb schließlich elektrifizierten, fanden die ausgedienten »Forneys« Arbeit bei Waldbahnen, wo ebenfalls ein kurzer, flexibler Radstand, ein geringes Achsgewicht und ein Zweirichtungsbetrieb wünschenswert waren. Einige von ihnen gelangten sogar nach Alaska, wo sie sogar noch jahrzehntelang vor sich hindämmerten, nachdem die Waldbahnen ihren Betrieb längst eingestellt hatten. Einige »Forneys« wurden auch für den schweren Vorortbahnverkehr gebaut, insbesondere für die Chicagoer Pendlerstrecken der *Illinois Central*. Und während Forney selbst sich lautstark gegen die Entwicklung von Schmalspurbahnen aussprach, wurde seine Zweikuppler ironischerweise von einer Reihe Schmalspurbahnen eingesetzt, vor allem in Maine, wo sie länger als anderswo in Betrieb blieben.

← Eine Variante von Forneys Konstruktion war eine Tenderlok mit der Achsfolge 1'B2. Die Vorlaufachse sollte das Laufverhalten bei höheren Geschwindigkeiten verbessern. Die *Illinois Central* betrieb eine große Anzahl von Forneys und weiterer Tenderloktypen im quirligen Chicagoer Vorortverkehr, bis die Gesellschaft diese Strecken in den 1920er Jahren elektrifizierte. *Solomon collection*

← Lok 7 der *Bridgton & Saco River* wurde mit der Achsanordnung 1'B2 ebenfalls für 610-mm-Spurweite gebaut. Sie verließ 1913 das Werk von Baldwin und gehört heute zu den aktiven Lokomotiven der Maine *Narrow Gauge Railroad Company & Museum.* Sie wurde im Januar 2020 beim Rangieren im Bahnhof Sheepscot, Maine, der Wiscasset, Waterville & Farmington aufgenommen. *Brian Solomon*

→ In den letzten 30 Jahren hat eine Gruppe engagierter Museumsbahner einen Abschnitt der ehemaligen 610-mm-Strecke der *Wiscasset, Waterville & Farmington* wieder aufgebaut und die ehemaligen Lok 9 dieser Strecke restauriert. Am 18. Januar 2020 macht diese »Forney« in der Nähe von Alna, Maine, richtig Dampf. *Brian Solomon*

Verbund-Dampfloks

Die Verbundtechnik bei Dampfloks diente der Verbesserung des Wirkungsgrades und Betriebs von Dampflokomotiven. Eine konventionelle einfache Expansions-Dampfmaschine leidet unter Ineffizienz, da beim Ausstoß des unter Druck stehenden Dampfes eine beträchtliche Expansionsleistung aufgezehrt wird. Die Lokomotivkonstrukteure erkannten diesen Mangel und wollten, um den Wirkungsgrad zu verbessern, den Wasser- und Brennstoffverbrauch senken, indem sie verschiedene Konzepte für Maschinen mit doppelter Expansion entwickelten. Diese als Verbundloks (engl. Compounds) bezeichneten Konstruktionen nutzen die Vorteile der Dampfexpansion besser aus, indem der Dampf nach den ersten beiden durch zwei weitere Zylinder geleitet wird, bevor er in die Atmosphäre abgegeben wird. Britische und kontinentaleuropäische Lokhersteller entwickelten ab den 1870er Jahren solche Verbundkonstruktionen, während das früheste Beispiel für eine amerikanische Verbundlok – ein Experiment der Shepard Iron Works in Buffalo, New York – schon für Ende der 1860er Jahre nachgewiesen ist.

Während der 1880er Jahre bemühten sich zahlreiche amerikanische Eisenbahngesellschaften um eine Verbesserung der Effizienz und führten eine Vielzahl von gelenklosen Dampfloks mit doppelten Expansion ein, die den Dampf zunächst in Hochdruck und gleich danach in Niederdruckzylindern nutzten. In Amerika wurden ab Ende der 1880er Jahre bis etwa 1910 in großer Zahl gelenklose Verbundlokomotiven gebaut, bis sie etwa 1910 weitgehend in Ungnade fielen, weil der größere Wartungsaufwand, der erforderlich war, um Verbundlokomotiven in gutem Zustand zu halten, oft die Brennstoffeinsparungen überstieg; außerdem ermöglichte die Einführung der Heißdampftechnik nach 1906 eine deutlich besser Ausnutzung des Dampfes und eine weniger komplexe Maschinentechnik. In Europa blieb dagegen die Verbundtechnik noch bis in die 1950er Jahre in begrenztem Umfang verbreitet.

Um eine annähernd gleichwertige Leistung zu erzielen, muss der Durchmesser eines Niederdruckzylinders mehr als das Doppelte des Durchmessers der Hochdruckzylinder der Lok betragen, weshalb Verbundmaschinen eine Vielzahl verschiedener Anordnungen der Hoch- und Niederdruckzylinder verwendeten. Der Zweizylinder-Verbundantrieb bestand aus einem einzigen Hochdruckzylinder auf der einen Seite der Lok und einem (meist doppelt so großen) Niederdruckzylinder auf der anderen Seite. Da der Niederdruckzylinder die gleiche Leistung wie der Hochdruckzylinder erbringen musste und einen wesentlich größeren Durchmesser hatte, hatten die Lokomotiven üblicherweise ein unausgewogenes, ja asymmetrisches Aussehen. Während in der Theorie die beiden Zylinder die gleiche Kraft lieferten, war das Ergebnis in der Praxis oft uneinheitlich. Dies führte zu einem unregelmäßigen Auspuffschlag, weshalb einige amerikanische Lokmannschaften die Maschinen als »Slam-Bang« (dt. »Krachmacher«) bezeichneten. Viele dieser Maschinen wurden

Baldwin baute 1906 für Amerikas *Great Northern Railway* zehn Vierzylinder-Verbundloks mit der Achsfolge 2'B'1 (»Atlantic«). Diese wurden als Klasse K-1 mit den Nummern 1700 bis 1709 eingereiht. Die Hochdruck-Innenzylinder übertrugen ihre Kraft auf die erste Treibachse, während die Niederdruck-Außenzylinder die hintere Treibachse antrieben. *Solomon collection*

← Die *Manitou & Pike's Peak Railway* in Colorado setzte auf ihrer steilen Zahnradbahnstrecke speziell konstruierte Vauclain-Verbunddampfloks ein. Diese verfügten auf jeder Seite jeweils über einen Hoch- und Niederdruckzylinder. Die unten liegenden Hochdruckzylinder leiteten den Dampf direkt in die größeren Niederdruckzylinder darüber ab, um den thermischen Wirkungsgrad zu verbessern.
J. William Vigrass

← Die Malletkonstruktion wurde 1904 in Nordamerika eingeführt, als Alco mit der *Baltimore & Ohio* die Lok Nr. 2400 mit der Achsfolge C'C baute. Große Ähnlichkeit mit diesem Erstlingswerk hatte die Lok 700 der *Kansas City Southern (KCS)*, die ebenso die Achsfolge C'C aufwies und zu einer Serie von zwölf bei Alco gebauten Mallets aus dem Jahr 1912 gehörte. Der Einsatz bei der *KCS* war ungewöhnlich, weil sie diese Loks für den Streckendienst im Güterverkehr einsetzte. Denn in der Regel war dieser Typ eher als Vorspannlok oder im Rangierdienst anzutreffen.
Photo courtesy of Harold Vollrath, Solomon collection

bereits nach wenigen Jahren auf die konventionelle Anordnung mit zwei Hochdruckzylindern umgerüstet.

Erfolgreicher war die (gelenklose) Vierzylinder-Verbundtechnik. Am bekanntesten in den USA war der Vauclain-Typ von Baldwin, benannt nach seinem Erfinder Samuel Vauclain (1856–1940), der seine Erfindung 1889 patentieren ließ.

Diese Konstruktion verwendete aufeinander abgestimmte Paare von Hoch- und Niederdruckzylindern aus einem Guss-Stück, die auf jeder Seite der Lokomotive übereinander angeordnet waren. Die innenliegenden Hochdruckzylinder wirkten auf die erste Kuppelachse, die außenliegenden Niederdruckzylinder trieben die zweite Kuppelachse an. Die innenliegende Heusingersteuerung bewegte zwei Kolbenschieber, die je einen Satz Hoch- und Niederdruckzylinder kontrollierten. Bei der Anfahrt konnten auch die Niederdruckzylinder mit Frischdampf beaufschlagt werden, wobei eine Leistungssteigerung von 20 Prozent nachgewiesen wurde.

Der französische Lokomotivkonstrukteur Alfred G. de Glehn entwarf einen Verbundtyp bei dem ein Kolbenpaar die erste, das andere die zweite Treibachse antreibt. Das Erkennungszeichen der Bauart de Glehn waren die Hochdruckzylinder für die zweite Treibachse, die am Rahmen außen weiter hinten ihren Platz hatten. Beide Niederdruckzylinder, die die erste Treibachse antrieben, saßen innerhalb des Rahmens weiter vorne. Diese Konstruktion sorgte für eine bessere seitliche Beweglichkeit der Achsen bei Kurvenfahrt. Eine weitere Besonderheit bestand in den voneinander unabhängigen Steuerungen für Hoch- und die Niederdruckzylinder. Diese konnte der Lokführer vollständig getrennt voneinander einstellen. Dies erlaubte eine besser Feineinstellung. Samuel Vauclain von der Lokschmiede Baldwin verfeinerte eine ähnliche Anordnung, die als »Baldwin Balanced Compound« bekannt wurde.

Verschiedene Anordnungen von Dreizylinder-Verbundmaschinen fanden in Großbritannien, Irland und anderen europäischen Ländern Anklang. Typischerweise handelte es sich dabei

C N

George T. Glover von der irischen *Great Northern Railway* modifizierte den Dreizylinder-Verbundtyp zu einer leistungsstarken Schnellzuglok für den Personenverkehr (Achsfolge 2'B) mit dem Ziel, die restriktiven irischen Gewichtsbeschränkungen zu umgehen. Jedes Exemplar seiner Verbundloks der V-Klasse mit den Nummern 83 bis 87 wurde nach einem Raubvogel benannt: »Eagle« (dt. Adler«), »Falcon« (dt. Falke), »Merlin« (dt. Zwergfalke), »Peregrin« (dt. Wanderfalke) und »Kestrel« (dt. Turmfalke). Die *Railway Preservation Society of Ireland* bewahrte die Lok »Merlin« vor der Verschrottung; sie ist hier in Laytown an der Irischen See zu sehen.
Brian Solomon

um einen Mittelzylinder, der eine gekröpfte Achse antreibt. Obwohl die *Reading Company* einige experimentelle Dreizylinder-Verbundmaschinen für den Schnellzugverkehr baute, war dieser Anordnung in Nordamerika kein Erfolg beschieden.

Die größten und leistungsstärksten »Compounds« waren amerikanische Adaptionen des europäischen Mallet-Typs – bei dem es sich faktisch eigentlich um zwei Maschinen handelte, die unter einem gemeinsamen Kessel mit einem Gelenk verbunden sind. Die Entwicklung begann 1904 mit einer von Alco für die *Baltimore & Ohio* gebauten Maschine mit der Achsfolge C'C und gipfelte in den massiven Y6 der Achsfolge 1'D'D1, die von der *Norfolk & Western* in Roanoke, Virginia, gebaut wurden. Die meisten amerikanischen Mallets wurden mit den Achsfolgen 1'C'C1 und 1'D'D1 gebaut. Zu den ungewöhnlichsten Mallets gehörten die ölbefeuerten Typen mit einem Frontführerstand, die von Baldwin für die *Southern Pacific* gebaut wurden; ebenso die gigantischen Triplex-Typen mit drei Fahrwerken, die für die *Erie Railroad* und die *Virginian* gebaut wurden. Bizarre Konstruktionen mit verschiedenen Kesseltypen wurden ferner auch für die *Santa Fe* gebaut.

↙ Die Vauclain-Verbundlok Nr. 1 der *Manitou & Pike's Peak's* ist im Colorado *Railroad Museum* in Golden ausgestellt. Dabei handelt es sich um eine der ganz wenigen erhaltenen Exemplare der Type »Baldwin's Vauclain Compound«.
Brian Solomon

→ Die letztgebauten Beispiele der Mallet-Verbundtype waren die massiven Y-6 der Achsfolge 1'D'D1 der *Norfolk & Western (N&W)*, die die Roanoke Shops der *N&W* für deren Kohlenzüge fertigte. Am 31. Juli 1958 ist eine solche Y-6 der *N&W* am Zugschluss eines voll beladenen Kohlezuges in Blue Ridge, Virginia, im Einsatz.
Richard Jay Solomon

↘ Im Jahr 1899 nahm der Fotograf I. Walter Moore im Bahnhof seiner Heimatstadt Warren, Massachusetts, eine nagelneue, von den Schenectady Locomotive Works gebaute Zweizylinder-Verbundlok auf. Zwei dieser Loks mit der Achsanordnung 2'C wurden für die *Boston & Albany* gebaut und von den Besatzungen wegen ihrer unausgewogenen Kolbenbewegung als »Slam-Bangs« bezeichnet.
I. W. Moore photo, Robert A. Buck collection

NORFOLK AND WESTERN
518333
N&W
79156

Shay-Getriebelok

Die konventionelle Dampflokomotive mit Kolbenantrieb stieß auf Industriebahnen mit ungewöhnlich steilen Steigungen und nicht eben bzw. nicht exakt gerade verlegte Gleisen an ihre Grenzen. Für den Betrieb auf diesen Strecken wurden daher spezielle Dampflokomotiven mit einem Getriebeantrieb für niedrige Geschwindigkeiten konstruiert, der eine hohe Zugkraft auf schlecht verlegten Gleisen ermöglichte. Die erste und am weitesten verbreitete dieser Lokomotiven war die Shay-Getriebelok, die 1878 von Ephraim Shay entworfen und von den Lima Locomotive Works in Lima, Ohio, gebaut wurde. Die *Shay* war ein kurioses Beispiel für eine asymmetrische Lokomotive, bei der mehrere Zylindern vertikal auf der Lokführerseite der Lokomotive angeordnet waren, um eine horizontale Kurbelwelle anzutreiben, die wiederum über ein Getriebe zweiachsige Drehgestelle an jedem Ende der Lokomotive antrieb. Damit wurde genaugenommen bereits die Achsfolge der erst Jahrzehnte später erfundenen typischen dieselelektrischen Lokomotiven vorweggenommen. Dies ermöglichte eine hohe Zugkraft bei langsamer Geschwindigkeit und sorgte mit der notwendigen Beweglichkeit für ein minimales Entgleisungsrisiko bei mangelhafter Gleislage. Später wurde die *Shay* zu einer Version mit drei Drehgestellen erweitert. *Shays* wurden bis weit ins 20. Jahrhundert hinein gebaut, und die letzten Exemplare waren auch die bei weitem größten: Eine riesige *Shay* mit drei Drehgestellen, die 1945 für die *Western Maryland* gebaut wurde. Diese Maschine ist zusammen mit anderen *Shays* bei der *Cass Scenic Railroad* in West Virginia erhalten, einer von mehreren Touristikbahnen, die solche Loks noch für Sonderfahrten einsetzen.

In der Dampf-Ära wurden Zahnradlokomotiven üblicherweise bei den Eisenbahnen der Holzfäller eingesetzt, die für ihre nachlässig verlegten, provisorischen Gleise zu den jeweiligen Holzfällorten bekannt sind. Diese Eisenbahnen befanden sich im nördlichen Neuengland, in den Appalachen, im oberen Mittelwesten Kaliforniens und im Pazifischen Nordwesten. Die *New York Central* setzte speziell gebaute, verkleidete *Shays* ein, deren bewegliche Teile für den Betrieb auf den teils im Straßenraum verlaufenden Gleisen in New York City abgeschirmt wurden, damit die Pferde auf den Straßen nicht dadurch erschreckt wurden.

Zu den weniger verbreiteten Varianten von Getriebelokomotiven gehörten die in Pennsylvania von der Climax Manufacturing Company of Corry gebauten Loks, die ein Paar paralleler, steil abgewinkelter Zylinder auf gegenüberliegenden Seiten des Kessels zur Kraftübertragung auf den Getriebeantrieb verwendeten. Die Heisler Locomotive Works in Erie, Pennsylvania, bauten Maschinen mit einem Paar schräg angewinkelter Zylinder, die rechtwinklig zueinander ausgerichtet waren und sich quer unter dem Kessel befanden.

↙ Viele Shays trugen ein gegossenes Lima-Nummernschild an ihrer Vorderseite. Diese Lok ist in der Nähe von Lima, Ohio, ausgestellt, wo die Lima Locomotive Works bis Anfang der 1950er Jahre Lokomotiven fertigten.
Brian Solomon

↗ Die *Ely Thomas Lumber Company* in West Virginia war am 1. Juni 1958 noch ein gut gehendes Unternehmen, als ihre Shay Nr. 2 mit drei Drehgestellen unter Dampf auf Kodakchrome-Diafilm eingefangen wurde.
Richard Jay Solomon

↘ Die museal erhaltene Lok »Dixiana« für eine Spurweite von 914 mm ist ein Beispiel für eine Shay mit zwei Drehgestellen. Sie wurde 1912 für eine Holzfirma in Tennessee gebaut und ging dann durch mehrere Hände, bis sie bei der Touristikbahn *Roaring Camp & Big Trees* in Felton, Kalifornien, ihr derzeitiges Zuhause fand.
Brian Solomon

2

DIXIANA
ROARING CAMP
&
BIG TREES

↑ Lok 2 der *Pacific Coast Railroad* gehört zu den aktiven Shays bei der *Cass Scenic Railroad* in West Virginia. Alle Zylinder einer Shay befinden sich auf der rechten Lokseite, was ihr zu einen asymmetrischen Aussehen verhilft.
Adam Stuebgen

↗ Die letzte und bei weitem größte Shay war Lok 6 der *Western Maryland*, die 1945 von Lima erbaut wurde. Diese riesige Shay mit drei Drehgestellen bespannt zusammen mit zwei ihrer kleineren Schwestern einen Sonderzug der *Cass Scenic Railroad* in West Virginia.
Adam Stuebgen

→ Die *White Mountain Central* in New Hampshire, die von der Clarks Trading Post in Lincoln betrieben wurde, besitzt mehrere Getriebedampflokomotiven, darunter diese Lok mit Shay-Drehgestellen für die Museumsbahn der Woodstock Lumber Company.
Brian Solomon

WESTERN MARYLAND
6

WOODSTOCK LUMBER COMPANY
5

Schmalspur-Mikado der Rio Grande

Als 1903 die Schmalspur-*Mikados* der Achsfolge 1'D1' bei der *Rio Grande* neu eingeführt wurden, galten sie schnell als die »Monster« der Rocky Mountains. In den 1890er Jahren hatte Baldwin erstmals Loks der Achsfolge 1'D1' für den Export entwickelt. Die neue Type erhielt ihre malerische Bezeichnung »*Mikado*«, weil die Japanische Eisenbahn ein früher Käufer war und sich zu dieser Zeit die Operette »Der Mikado« von dem Erfolgskomponisten-Duo Gilbert & Sullivan in den USA großer Beliebtheit erfreute, so dass der Name auch auf diese neuen Loks abfärbte.

Zu den ersten inländischen Käufern der *Mikados* gehörte die *Denver & Rio Grande*, die im Jahr 1903 fünfzehn Maschinen für ihr Netz mit 914 mm Spurweite von Baldwin beschaffte. Es handelte sich dabei um Maschinen der Klasse K27, die ursprünglich wegen ihrer relativen Größe im Vergleich zu früheren Schmalspur-Maschinen schlicht als »Ungetüme« bezeichnet worden waren. Später erhielten die K27-Maschinen der *Rio Grande* wegen ihres gedrungenen Aussehens und der Neigung, an trockenen Tagen Staub aufzuwirbeln, den Spitznamen »Mudhen« (dt. Blässhuhn, wörtlich übersetzt »Schlammhuhn«).

Diese ungewöhnlichen Lokomotiven vereinten mehrere evolutionäre Fortschritte der Loktechnologie in sich, wodurch sie sich von den typischen amerikanischen Schmalspurmaschinen abhoben. Bemerkenswert ist etwa, dass sie statt der üblichen Innenrahmenanordnung Außenrahmen verwendeten und mit außenliegenden Gegengewichten und Kurbelzapfen ausgestattet waren.

Bei den K27 der *Denver & Rio Grande* handelte es sich im ursprünglichen Bauzustand um Vauclain-Verbundloks (siehe Seite 32), die zwei Paare von Hoch- und Niederdruckzylindern verwendeten und die einzigen Schmalspur-Verbundloks waren, die je für die *Rio Grande* gefertigt wurden. Später wurden diese zu Lokomotiven mit einfache Dampfdehnung umgebaut. In ihrer Anfangszeit waren die K27 der *Rio Grande* zunächst auf den Betrieb auf dem Marshall-Pass beschränkt. Später baute die Eisenbahngesellschaft die westliche Steilstrecke des Cumbres-Passes aus, damit die K27 als Vorspannlokomotiven zwischen Chama und dem Scheitelpunkt eingesetzt werden konnten.

1923 lieferte Alco an die *Rio Grande* zwölf Loks der Baureihe K28 mit der Achsfolge 1'D1' für die Spurweite von 3 Fuß (914 mm), die nominell größer und leistungsfähiger als die K27 waren und Geschwindigkeiten von bis zu 64,4 km/h erreichen konnten, wodurch sie sich gut für den Personenverkehr eigneten. Zwei Jahre später baute Baldwin zehn weitere Loks dieser Achsfolge als Baureihe K36, die sogar noch größer als die Baureihe K28 waren. Schließlich bauten die Burnham Shops der Rio Grande zwischen 1928 und 1930 auch noch normalspurigen Loks der Achsfolge 1'D in leistungsstarke Schmalspur-Dampflokomotiven der Baureihe K37 um. Einige Exemplare dieser Schmalspur-*Mikados* der *Rio Grande* sind auf den landschaftlich reizvollen Bahnlinien der *Durango & Silverton* und der *Cumbres & Toltec* in Colorado bzw. New Mexico noch in Betrieb.

↙ Die Baureihe K27 war die erste und kleinste der Schmalspur-Mikados bei der *Rio Grande*. Im Jahr 1903 lieferte Baldwin 15 Exemplare für die Spurweite 914 mm als Baureihe K27 mit der Achsanordnung 1'D1'.
J. R. Quinn photo, Solomon collection

→ Die Lok 487 der *Rio Grande*-Baureihe K36, ausgestattet mit einem großen Schneepflug, kämpft sich in Doppeltraktion mit der Lok 453 der Baureihe K27 über den Cumbres-Pass. Gemessen an der geringen Zahl dieser erst spät gelieferten Schmalspur-Dampfloks ist es erstaunlich, wie viele Exemplare bis heute überlebt haben.
J. R. Quinn photo, Solomon collection

↑↑ Bei der *Cumbres & Toltec* arbeitet sich die ehemalige *Rio Grande*-Mikado Nr. 484 aus der Baureihe K36 bei Windy Point, New Mexico, die Strecke zum Cumbres Pass, Colorado, hinauf.
Brian Solomon

↑ Zu den Besonderheiten der Schmalspur-Mikados der *Rio Grande* gehörte ihre Konstruktion mit außenliegenden Rahmen, außenliegenden Gegengewichten und Kurbelzapfen, die sich deutlich von der üblichen Bauweise in Nordamerika unterschied, bei der diese Komponenten sonst eigentlich zwischen den Triebrädern untergebracht waren.
Brian Solomon

→ In Doppeltraktion bezwingen zwei Loks im September 1998 mit einem Personenzug der *Cumbres & Toltec* den Cumbres-Passes. An der Spitze: Rio Grandes K27 Nr. 463.
Brian Solomon

463
463
Grande

Kugelasseln und Windteiler

Seit ihren Anfängen experimentierten die Eisenbahngesellschaften mit kleinen, selbstfahrenden Triebwagen für den Einsatz auf schwach frequentierten Strecken. Im 19. Jahrhundert wurden solche Fahrzeuge in der Regel von kleinen Dampfmaschinen angetrieben. Später kamen bei den Triebwagen neuartige und manchmal erfolglose Antriebsmethoden zum Einsatz. Die kommerzielle Entwicklung der elektrischen Straßenbahn mit Elektromotoren in den 1880er Jahren führte zu Experimenten mit Triebwagen, bei denen ein Benzinmotor einen Generator antrieb, der die Traktionsmotoren mit Strom versorgte. William Patton gehörte zu den frühen Pionieren dieser Antriebsform. Im Jahr 1890 baute er einen sehr kleinen benzin-elektrischen Triebwagen mit einem kompakten Van Duzen-Motor mit 10 PS. Obwohl Patton 1893 den Triebwagenbau aufgab, wurden seine Konzepte im 20. Jahrhundert von anderen Herstellern weiterentwickelt. Auf diese Weise setzten sich benzin-elektrisch angetriebene Triebwagen als beliebtes Instrument zur Kostensenkung auf Nebenstrecken durch.

Im Jahr 1904 drängte Edward Henry Harriman, der sowohl die *Union Pacific* (*UP*) als auch die *Southern Pacific* leitete, den Chef der *UP*-Loksparte, William J. McKeen, zur Entwicklung eines betriebstauglichen Triebwagens für den Personenverkehr auf Nebenstrecken. Inspiriert durch Entwicklungen bei Verbrennungsmotoren arbeitete McKeen mit den Ingenieuren der *UP* in den Omaha-Werken des Unternehmens zusammen und fertigte im März 1905 einen Prototyp eines Leichtbautriebwagens mit aerodynamischem Design, der ein messerscharf geschnittenes Vorderende und eine abgerundete Rückseite aufwies, mit denen man den Windwiderstand minimieren und die Traktion verbessern wollte. (Später stellte sich jedoch heraus, dass der Widerstand viel niedriger war, wenn die Wagen mit dem abgerundeten Ende anstelle der »Schnittkante« voraus fuhren.) McKeens Triebwagen wurden von einem Benzinmotor mit einem mechanischen Getriebe angetrieben. Im Jahr 1908 nahm die *McKeen Motor Car Company* die Produktion in den Werkstätten der *UP* auf und lieferte im folgenden Jahrzehnt etwa 150 Fahrzeuge an Eisenbahngesellschaften in den Vereinigten Staaten sowie nach Australien, Kanada, Kuba und Mexiko. Die Mehrheit der Triebwagen wurde von den *Harriman-Lines*, der *Union Pacific*, der *Southern Pacific* und einigen damit verbundenen Unternehmen erworben.

↙ Dieses handcolorierte Penny-Postkartenfoto zeigt einen der vielen McKeen-Triebwagen der *Union Pacific* mit einem nicht angetriebenen Anhänger in Greeley, Colorado, etwa im Jahr 1910. Die meisten McKeen-Triebwagen der *UP* trieb ein 200-PS-Benzinmotor an.
Solomon collection

↗ Der Triebwagen 3 der *Arizona Eastern* war ein 35 Tonnen schwerer und 70 Fuß langer McKeen-Triebwagen aus dem Jahr 1911. Beachten Sie den überdimensionalen Dampflok-Scheinwerfer und den »Kuhfänger« an der Vorderseite des Wagens. In den späten 1920er Jahren wurde dieses Fahrzeug an die *Southern Pacific* verkauft und 1930 verschrottet.
Solomon collection

→ Der benzin-elektrische F101-Triebwagen der *Cumberland & Pennsylvania* bot Platz für ein Abteil der *Railway Express Agency* sowie einen Fahrgastraum im hinteren Teil des Wagens. Hersteller Brill war einer der größten Lieferanten von benzin-elektrischen Fahrzeugen und bot eine Vielzahl von Standardmodellen an.
Solomon collection

MOTOR CAR AT GLOBE, ARIZONA

PENNSYLVANIA
F
101
RAILWAY
EXPRESS
AGENCY INC

Die Anordnung der Motoren und der mechanischen Getriebe erwiesen sich allerdings schnell als der Anfang vom Ende der Firma McKeen: Die McKeen-Triebwagen standen häufig schadhaft still und blieben vor allem wegen ihrer stotternden Anlasser und defekten Kupplungen in Erinnerung. Letztendlich übernahm die *UP* die Vermögenswerte des Unternehmens. Obwohl kommerziell erfolglos, werden McKeens futuristische »Windsplitter« (dt. Windschneider) auch heute noch als Vorläufer der stromlinienförmigen Züge mit Verbrennungsmotoren gesehen, wie sie in den 1930er Jahre verbreitet aufkamen.

Während McKeen noch versuchte, die Probleme bei seinen pseudo-aerodynamischen Fahrzeugen mit ihren störrischen mechanischen Getrieben zu überwinden, entwickelte eine Vielzahl anderer Firmen bereits benzin-elektrische Konstruktionen, die umgangssprachlich auch »Doodlebugs« (dt. Kugelasseln) genannt wurden. Zu den einflussreichsten kommerziellen Herstellern gehörte seinerzeit *General Electric* (GE), das seine Benzin-Triebwagen parallel zu seinem Geschäft mit der Elektrifizierung schwerer Eisenbahnen und der Lieferung von Elektrotriebwagen für Straßenbahnen und Überlandbahnen weiter entwickelte. Von 1906 bis 1914 verkaufte GE 88 benzin-elektrische Triebwagen. Obwohl GE nicht einmal der größte Anbieter von Benzin-Elektrofahrzeugen war, sollten seine technologischen Entwicklungen später entscheidend die Entwicklung der dieselelektrischen Lokomotiven prägen.

Die *Electro-Motive Engineering Corporation*, die 1920 von Harold L. Hamilton und Paul Turner gegründet wurde, knüpfte dort an, wo GE und andere mit der Entwicklung von Triebwagen aufgehört hatten. Diese Visionäre wollten einen florierenden Geschäftsbereich für Triebwagen entwickeln, indem sie die bisherigen technischen Unzulänglichkeiten überwinden wollten, die die Zuverlässigkeit und das Potenzial früherer Konstruktionen eingeschränkt hatten.

Mitte der 1920er Jahre hatte sich Electro-Motive zu einem der erfolgreichsten Hersteller von diesel-elektrischen Triebwagen entwickelt und verkaufte Dutzende davon an Eisenbahngesellschaften in ganz Nordamerika. Bezeichnenderweise war Electro-Motive ein reines Ingenieurbüro, das keine eigenen Fabriken besaß und daher die gesamte Fertigung an etablierte Eisenbahnzulieferer und -hersteller vergab. 1930 kaufte der Automobilgigant General Motors die Firma Electro-Motive und verwandelte das Unternehmen in den nächsten Jahrzehnten in den führenden Hersteller von dieselelektrischen Lokomotiven.

Dieser Triebwagen mit Holzaufbau gehörte einst zur *Lancaster, Oxford & Southern* und wurde im Jahre 1915 vom Sanders Machine Shop hergestellt. Mittlerweile umgebaut zum Dieseltriebwagen überlebt er auf der *Strasburg Rail Road* in Pennsylvania.
Brian Solomon

HOOSAC TUNNEL & WILMINGTON
50
HOOSAC TUNNEL & WILMINGTON

LOUISIANA & ARKANSAS
RAILWAY EXPRESS AGENCY INC.
BAGGAGE
U. S. MAIL RAILWAY POST OFFICE
126

↖ Die *Hoosac-Tunnel & Wilmington* war eine kurze Bahnlinie, die in der Nähe des Ostportals des berühmten, 7,6 km langen Hoosac-Tunnels im Nordwesten von Massachusetts von der *Boston & Maine* abzweigte. Im Jahr 1923 kaufte sie einen neun Tonnen schweren Schienenbus mit Anhänger von der *Four Wheel Drive Auto Company* aus Clintonville, Wisconsin.
Solomon collection

← Die *Louisiana & Arkansas*, eine Tochtergesellschaft der *Kansas City Southern*, betrieb dieses klassische benzin-elektrische Fahrzeug mit einem Anhänger. Der Triebwagen verfügte über einen Führerstand, Abteile für Gepäck, eine *Railway Express Agency* (die Pakete und kleine Sendungen abfertigte) und eine von der *Railway Post Office* betriebene US-Post, während die Passagiere im Anhänger untergebracht waren.
Solomon collection

↑ Zwei Triebwagen der *Pennsylvania Railroad* begegnen sich am 29. Mai 1959 um 7 Uhr morgens an der Princeton Junction, New Jersey. Links ist ein von Pullman gebauter Wagen zu sehen, der ursprünglich von einem Benzinmotor und später von einem Dieselmotor angetrieben wurde. Rechts ist einer der für diese Bahngesellschaft typischen Eulenaugen-Elektrotriebwagen der Baureihe MP54 zu erkennen, die auf der Zweigstrecke nach Princeton eingesetzt wurden.
Richard Jay Solomon

Die K4s-Pacifics der Pennsylvania Railroad

Aus der Dampfloktype mit der Achsfolge 2'C1' – besser bekannt als »*Pacific*« – entwickelten sich Anfang des 20. Jahrhunderts leistungsstarke, schnelle Lokomotiven, die für den Schnellzugverkehr geradezu ideal geeignet waren. Die berühmteste und vielleicht schönste Variante dieser Type waren die mächtigen »K4s-*Pacifics*« der *Pennsylvania Railroad* (*PRR*). Der kleine Buchstabe »s« steht dabei für das englische Wort »superheated« und zeigt die eingebaute Heißdampftechnik an, mit der zur damaligen Zeit noch nicht so viele Dampflokomotiven ausgestattet waren.

Die Achsfolge 2'C1' wurde von den Lokomotivfabriken seit den 1880er Jahren in vielfältiger Weise angewandt, doch zunächst ohne nennenswerte Erfolge. Diese Bauart gelangte erst 1902 ins Rampenlicht, als Alco bei einer Bestellung von Personenzugloks für die *Missouri Pacific* eine breite Feuerbüchse mit einer seitenbeweglichen Nachlaufachse kombinierte; in Anerkennung dieser Pioniertat wurde die neue Type nach der Bahngesellschaft auch »*Pacific*« genannt. Der Name erinnerte zwangsläufig auch an die Bezeichnung »*Atlantic*« für Loks der Achsfolge 2'B1', die sich einige Jahre zuvor schon durchgesetzt hatte, und nicht zuletzt entsprach er dem Zeitgeist der Westausrichtung Amerikas hin zum Pazifischen Ozean.

Der Typ »Pacific« wurde entwickelt, um dem seinerzeit rasant wachsenden Eisenbahnverkehr Amerikas gerecht zu werden. Die Eisenbahnen fuhren längere, schwerere und schnellere Züge, die mehr Leistung erforderten, als die älteren Loktypen erreichten. Die große Kesselkapazität der *Pacific*, die dreifach gekuppelten Treibräder und das vorauslaufende zweiachsige Drehgestell lieferten dafür eine nahezu perfekte technische Lösung. Sie waren die logische Weiterentwicklung sowohl des im Personenverkehr weit verbreiteten Typs mit der Achsanordnung 2'C als auch der »*Atlantics*« und erwies sich gegenüber der Bauform mit der Anordnung 1'C1' (auch als »*Prairie*« bezeichnet), die bei höheren Geschwindigkeiten zunehmend unruhig lief, als stark überlegen.

Die *Pennsylvania Railroad* war eine Ausnahme mit ihrer wissenschaftlichen Herangehensweise an die Konstruktion von Lokomotiven; sie testete neue Konzepte erst sorgfältig, bevor sie diese in großem Maßstab einführte. Die *PRR* experimentierte ab 1907 mit der *Pacific*-Type und verfeinerte gleichzeitig ihre *Atlantic*-Loks zu schnellen, leistungsstarken Maschinen für den Personenverkehr. Bald erkannte sie, dass sie schnellere und leistungsfähigere Maschinen brauchte, um dem ständig wachsenden Passagieraufkommen und den Anforderungen von immer

↙ Eine klassische Lok in klassischer Pose: Die K4s Pacific 5377 der *Pennsylvania Railroad* wurde am 28. Oktober 1944 in East St. Louis, Illinois, fotografiert. Traditionelle Dampflokfotografen zogen es seinerzeit vor, Lokomotiven mit den Treibstangen in der unteren Position zu fotografieren, um die mechanische Ausrüstung möglichst gut zu portraitieren.
R. A. Frederick, Solomon collection

↗ Zu den letzten Aufgaben für die K4s der *PRR* gehörte der Einsatz auf dem Abschnitt der *New York & Long Branch* zwischen South Amboy, wo der Fahrdraht endete, und Bay Head Junction in New Jersey. Die K4s mit der Nummer 612 wurde Mitte der 1950er Jahre zusammen mit einem Zug der *NY&LB* aufgenommen.
Solomon collection

→ Am 7. Dezember 1945 bestand der »Jeffersonian« der *PRR* aus elf schweren Personenwagen, zu dessen Beförderung diese Doppeltraktion aus den K4s Pacifics mit den Nummern 5493 und 5421 notwendig war. Während die beiden K4s für einen beeindruckenden Anblick sorgten, war nüchtern betrachtet der Einsatz von zwei Lokomotiven mit zwei Mannschaften ein Kostentreiber. In den 1940er Jahren entwickelte die *PRR* daher ihre stromlinienförmigen Loks der Baureihe T1 mit der Achsfolge 2'B'B2', um auf solche Doppeltraktionen verzichten zu können.
Unbekannter Fotograf, Solomon collection

PENNSYLVANIA

OIL CORP.

Die K4s-Lok mit der PRR-Nummer 1188 wurde am 10. August 1948 in Cincinnati, Ohio, fotografiert. Diese Maschine besaß eine Verkleidung auf dem Kessel, vermutlich als Rauchabweiser, um das Führerhaus von verwirbeltem Ruß und Dampf freizuhalten.
J. R. Quinn, *Solomon collection*

schwereren Fahrzeugen in Stahlbauweise gerecht zu werden, die sich nicht zuletzt aus der neuen aufwändigen Infrastruktur ergaben, wie sie sich in der New Yorker Penn Station und den im Bau befindlichen Trans-Hudson-Tunneln abzeichnete. Und so bauten die Juniata Shops der *PRR* in Altoona zwischen 1910 und 1913 eine große Anzahl von *Pacifics.*

In der Zwischenzeit machte sich auch der Lokhersteller Alco daran, die technischen Grenzen der *Pacific*-Konstruktion weiter auszudehnen und führte 1911 daher die experimentelle »Super Pacific« mit der Nr. 50.000 ein, die wichtige Innovationen besaß. Diese leistungsstarke Maschine inspirierte die Konstrukteure der *PRR*, 1914 die effektivsten Eigenschaften ihrer eigenen E6 *Atlantics* und ihrer eigenen 2'C1'-Entwicklungen mit den Innovationen von Alco zu einer eigenen »Super Pacific«, der Klasse K4s, zu vereinen. Diese Lok gilt noch heute als die beste nordamerikanische Konstruktion dieser Loktype mit 80-Zoll-Triebrädern (2032 mm), dem großen Belpaire-Kessel und der quadratischen Feuerbüchse, der später charakteristisch für die meisten Dampflokomotiven der *PRR* im 20. Jahrhundert werden sollte. Die K4s-Loks produzierten reichlich Dampf und lieferten wesentlich mehr Leistung als frühere *Pacific-Versionen*. Nach einer Periode der Erprobung und Verfeinerung während des Ersten Weltkriegs begann die *PRR* mit der Massenproduktion der Maschine in ihren Juniata Shops, während sie gleichzeitig auch den Lokhersteller Baldwin mit dem Bau von K4s-Lokomotiven nach ihren Spezifikationen beauftragte. Im Ergebnis verfügte die *PRR* schließlich über 425 Exemplare dieser Baureihe.

Die *PRR* wies in Amerika das größte Passagieraufkommen auf. Auch wenn die Werbeplakate vor allem die K4s-*Pacifics* als das Flaggschiff der Eisenbahngesellschaft mit dem Zug »New York-Chicago Broadway Limited« entlang des Juniata-Flusses bewarben und so die Phantasie der Öffentlichkeit beflügelten, beförderte die K4s-Flotte der *PRR* in der Praxis eine Vielzahl von Personenzügen im großen Netz der *PRR*. Und als nach dem Zweiten Weltkrieg die Diesellloks kamen, hatten die K4s noch lange nicht ausgedient, sondern absolvierte noch etwas weniger glanzvolle Einsätze im Personenzugdienst. Erst im Jahr 1957 beförderten sie ihre letzten Vorortzügen in New Jersey auf dem *New York & Long Branch* nach Bayhead Junction. Zwei Loks dieser Gattung blieben erhalten. Eine ist im Railroad Museum of Pennsylvania in Strasburg ausgestellt, die andere befindet sich derzeit in einem langfristig angelegten Restaurierungsprojekt.

↑ Der große Kessel und die klassische Gestaltung machten die K4s zu einer der bekanntesten Dampflokomotiven Amerikas. *Unbekannter Fotograf, Solomon collection*

→ Die Lok 3678 der *PRR* war eine von vier K4s, die 1940 mit diese Stromlinienverkleidung ausgerüstet wurden. Hier ist die Lok an der Spitze des »Jeffersonian« in St. Louis/New York zusammen mit einer unverkleideten Schwestermaschine zu sehen. *Unbekannter Fotograf, Solomon collection*

Gresleys Pacifics

Im Vergleich zu den nordamerikanischen Eisenbahnen ließ man sich bei den britischen Eisenbahnen Zeit mit der Einführung von »*Pacifics*« mit der Achsfolge 2‘C1‘ (wie sie im vorstehenden Kapitel beschrieben wurden). Stattdessen versuchte man dort zunächst die Bauform mit der Achsfolge 2‘C für den Schnellzugverkehr weiter zu optimieren. Die *Pacific*-Type sollte sich jedoch in den 1920er Jahren in Großbritannien durchsetzen.

Der Zusammenschluss zu den »Big Four« von 1923 – jene strategische Konsolidierung von Großbritanniens Eisenbahnen, die die meisten kleineren Bahnenunternehmen in nur noch vier großen Bahngesellschaften zusammenfasste – schuf die *London & North Eastern Railway* (*LNER*) und verschmolz die *Great Northern Railway* mit der *North Eastern Railway*, wodurch die Ostküstenstrecke (die direkte Schnellverbindung zwischen dem Londoner Bahnhof King's Cross und dem schottischen Edinburgh) in deren gemeinsamen Besitz gelangte. Unmittelbar vor diesem Zusammenschluss war man bei diesen beiden Hauptunternehmen der späteren *LNER* bereits zu der Erkenntnis gelangt, dass die *Pacific*-Type die beste Lösung dafür bot, um auf dieser Strecke längere Expresszüge fahren zu können. Nigel Gresley kam von der *Great Northern* zur *LNER*, wo er kurz zuvor eine neu Konstruktion einer Dreizylinder-Pacific vorgestellt hatte, die er als Type A1 bezeichnete. Als Chief Mechanical Officer der LNER fuhr er fort, seinen Typ A1 mit der Achsfolge 2‘C1‘ zu verfeinern und zu perfektionieren.

Bei Gresleys Dreizylinder-Maschine trieben alle Zylinder die zweite Treibsachse an, um die Schwierigkeiten zu vermeiden, die entstehen, wenn die Zylinder verschiedene Achsen antreiben. Die äußeren Zylinder folgten der bewährten Praxis, die Hauptantriebsstangen zum Antrieb

↙ Die Pacific No. 4472 »Flying Scotsman« der *London & North Eastern Railway* zieht am 4. Juli 1999 in York einen Sonderzug, der dem Express »Flying Scotsman« nachempfunden ist. Dieser berühmte Zug der *LNER* und seine noch berühmtere Lokomotive werden oft miteinander verwechselt.
Brian Solomon

→ Eine Detailansicht der Lokomotive 4472 »Flying Scotsman« zeigt die Gedenktafel, die an die rekordverdächtige Langstreckenfahrt der Lok in New South Wales, Australien, im Jahr 1989 erinnert.
Brian Solomon

FLYING SCOTSMAN

zu verwenden, wobei eine Walschaerts-Steuerung die Dampfzufuhr zum Zylinder regelt. Der mittlere Zylinder hatte jedoch Platzprobleme, was eine Neigung dieses Zylinders für den Antrieb der zweiten Treibachse erforderte. Normalerweise befanden sich die Schieber direkt über dem Zylinder, den sie regulierten, aber um die Schieber des mittleren Zylinders auf einer horizontalen Ebene mit dem äußeren Zylinder anordnen zu können, war es notwendig, die mittleren Schieber neben dem Zylinder und nicht darüber zu platzieren; diese Anordnung schloss die Anwendung einer vollständigen Walschaerts-Steuerung für den mittleren Zylinder aus. Also entwickelte Gresley die nach ihm benannte Steuerung des Innenzylinders, bei der die Schieber des Innenzylinders von den Schieberbewegungen der äußeren Zylinder her mechanisch gesteuert werden. Eine Innensteuerung war damit überflüssig. Gresleys Konstruktion einer A1-*Pacific* erwies sich bald als eine ausgezeichnete Schnellzug-Maschine, die von der *LNER* sehr gern eingesetzt wurde.

Als die *LNER* die A1-Lok mit der Nummer 1472 (später in 4472 umbenannt) auf den Namen »*Flying Scotsman*« taufte, brachte sie versehentlich ganze Generationen von Eisenbahnbeobachtern durcheinander, die diese Dampflok oft mit LNERs berühmter Zugverbindung verwechselten, die ebenfalls »Flying Scotsman« genannt wurde und zwischen London und Edinburgh verkehrte.

Die Maschine 4472, »*Flying Scotsman*«, wurde berühmt durch ihre Verbindung mit ihrem Namensvetter und durch ihre weithin publizierte Testfahrt im Jahr 1934, bei der sie 160,9 km/h erreichte. In späteren Jahren erlangte die Maschine aber noch größeren Ruhm, weil sie als regelrechter Publikumsmagnet für Sonderfahrten eingesetzt und sogar in die USA und nach Australien transportiert wurde.

Gresley verbesserte seine *Pacific*-Type weiter und machte sie sogar noch leistungsstärker und schneller. Im Jahr 1928 entstand die erste seiner A3-*Pacifics*; *LNER* fertigte schließlich 27 Loks dieser neuen Type und baute dann sogar ältere Loks der Bauart A1 nach A3-Spezifikationen um. Als Mitte der 1930er Jahre in Deutschland und den USA Hochgeschwindigkeits-Dieseltriebwagen im Stromliniendesign aufkamen, fühlte

Im Jahr 1969 unternahm die Lokomotive 4472 »Flying Scotsman« eine weithin bekannte Tour durch die Vereinigten Staaten, wofür die Maschine den dortigen Gegebenheiten gemäß mit einer Glocke und einem Kuhfänger ausgerüstet wurde. Das Foto zeigt die Lok unter Fahrdraht auf der ehemaligen mehrgleisigen Hauptstrecke der *Penn Central*, die früher einmal zur *PRR* gehört hatte. *Fotograf unbekannt, Solomon collection*

sich die LNER ermutigt, schnelle Stromlinienzüge auf der Ostküstenstrecke einzuführen. Dies mündete 1935 in die Entwicklung von stromlinienförmigen Pacifics (nun als Baureihe A4 bezeichnet) mit einer Stromlinienverkleidung, unter denen sich eine hochentwickelte Gresley-Pacific verbarg.

Die *LNER* führte am 30. September 1935 einen Stromlinien-Schnellzug namens »*Silver Jubilee*« ein. (Der Name wurde zum Gedenken an das 25. Thronjubiäum des britischen Königs George V. gewählt.) Der Zug legte die Strecke zwischen Newcastle und London in nur vier Stunden zurück. In den folgenden drei Jahren baute die *LNER* noch 35 Stromlinienloks der A4-*Pacifics*. 1938 taufte man schließlich die 100. *Pacific* zu Ehren des nunmehr zum Ritter geadelten Gresley auf seinen Namen.

Am berühmtesten von allen A4-Loks wurde allerdings die »*Mallard*« (dt. Stockente), die am 3. Juli 1938 mit einem Geschwindigkeitsrekord Weltruhm erlangte, als sie kurzzeitig eine Höchstgeschwindigkeit von 202,8 km/h erreichte und als schnellste Dampflok der Welt in die Geschichte einging. Gresleys *Pacifics* fanden sich noch bis in die 1960er Jahre im Fernverkehr. Dann wurden die meisten von ihnen in den Ruhestand versetzt. Mehrere Exemplare blieben erhalten und werden auch heute noch gelegentlich für Sonderfahrten eingesetzt, darunter die berühmte »*Flying Scotsman*« und die »*Sir Nigel Gresley*«. Die berühmte Rekordlok »*Mallard*« erhielt dagegen einen Ehrenplatz im britischen National Railway Museum in York.

↑ Die »Mallard« der *London & North Eastern Railway* hält den Weltrekord für die schnellste je dokumentierte Dampflokfahrt. Heute wird diese Maschine stolz im National Railway Museum in York, England, ausgestellt.
Brian Solomon

↓↓ Unter den erhaltenen Loks der *LNER-Baureihe* A4 der stromlinienförmigen Pacifics befindet sich die »Union of South Africa«, die in den Zustand als Lok 60009 der *British Railways* versetzt wurde.
Brian Solomon

60009

THE TALISMAN
60009
OF SOUTH AFRICA
A·4
HAYMARKET

Berkshire

In den frühen 1920er Jahren waren die Lima Locomotive Works der jüngste und kleinste der drei großen kommerziellen Lokomotivhersteller Amerikas, was ihnen einen Vorteil gegenüber den Lokomotiven der etablierten Hersteller Baldwin und Alco verschaffte.

Zu dieser Zeit waren die amerikanischen Eisenbahnen durch ihren Güterverkehr sehr gut ausgelastet, sahen sich jedoch einer zunehmenden Konkurrenz durch den LKW ausgesetzt, der bereits die lukrativsten Aufträge abzuschöpfen begonnen hatte. Wenn die Eisenbahnen diesem Angriff der Gummireifen etwas entgegensetzen wollten, mussten sie schnellere Züge mit niedrigeren Betriebskosten bieten. Will Woodard von den Lima Works gehörte zu den talentiertesten Lokomotivkonstrukteuren der Vereinigten Staaten; er war zuvor sowohl für Alco als auch für Baldwin tätig gewesen, bevor er 1916 diese großen Hersteller verließ, um für das junge Unternehmen Lima zu arbeiten. Dort setzte er einen visionären Plan in die Tat um, der letztlich die gesamte Lokomotivindustrie verändern sollte. Anstatt nur größere und schwerere Lokomotiven zu konstruieren, schuf er leistungsstärkere Maschinen, die eine deutlich bessere Leistung ohne dramatische Gewichtszunahme aufweisen konnten. Der Vorteil bestand darin, dass damit das Gewicht und die Proportionen der Loks innerhalb der vorgeschriebenen Grenzen bleiben konnten, so dass die Eisenbahnen mehr Tonnage schneller transportieren konnten, ohne dafür zuerst in teure Streckenausbauten investieren zu müssen.

Zu den Gesellschaften, die den Wechsel zu leistungsfähigeren Maschinen einleiteten, gehörte die *New York Central* (NYC) mit ihrer viergleisigen »Water Level Route«, einem der verkehrsreichsten Güterverkehrskorridore in den USA. Die NYC gehörte zu den Pionieren des schnellen Güterverkehrs; ihr Konzept bestand darin, Züge traditioneller Länge schneller zu be-

Eine echte *Berkshire* war die Lok 1400 der *Boston & Albany*, die diese als Baureihe A1a bezeichnete. Das Bild zeigt die Lok vor einem schweren Güterzug östlich von Natick, Massachusetts, im Jahr 1944. *Robert A. Buck Collection*

fördern, anstatt auf längere Züge zu setzen. Eine besonders Herausforderung für die *New York Central* stellten die starken Steigungsstrecken auf der Boston-Albany-Route dar. Genau dort führte Lima sein Superleistungskonzept mit einem Prototypen der Achsfolge 1'D2' vor. Als erste große Lokomotive mit dieser Achsfolge verfügte sie über ein zweiachsiges lasttragendes Drehgestell, das den Bau einer wesentlich größeren Feuerbüchse ermöglichte, um große Dampfmengen zu erzeugen. Die Lokomotive war eine Weiterentwicklung der supermodernen Baureihe H10 1'D1'*Mikado* von Lima, die einige Jahre zuvor für die *New York Central* gebaut worden war. Wie die H10 profitierte auch die Bauform mit der Achsanordnung 1'D2' von den jüngsten Fortschritten in der Stahlproduktion, die neue hochfeste legierte Stähle zu vernünftigen Kosten verfügbar machten. Für die Treibstangen wurde wärmebehandelter Chrom-Vanadium-Stahl verwendet, der das hin- und herbewegte Gewicht reduzierte und zu einem ruhigeren Lauf beitrug.

Die Kombination aus einer größeren Feuerbüchse mit entsprechenden Verbesserungen am Kessel und einem optimierten Fahrwerk führte zu einer wesentlich besseren Leistung: Die Loktype mit der Achsfolge 1'D2' konnte daher große Zuglasten befördern – schneller und mit weniger Kohle als selbst die besten 1'D1'-*Mikados* der damaligen Zeit. Die Achsfolge 1'D2' erhielt den Beinamen *Berkshire*, und die *New York Central* erteilte drei Aufträge für den Einsatz auf der Strecke Boston – Albany. Andere Eisenbahngesellschaften folgten diesem Beispiel. Später erhielten die *Berkshires* größere Triebräder für höhere Geschwindigkeiten. Zu den hervorragendsten Bauformen dieser Type gehörten große Limas, die eine Generation später für die *Nickel Plate Road* gebaut wurden. Lima erweiterte dafür die Achsfolge 1'D2' zur 1'E2'. Da diese Loks als erstes an die *Texas & Pacific* verkauft wurde, erhielten sie auch die Bezeichnung *Texas-Type*. Ende der 1920er Jahre hatte sich das Konzept dieser Großlok durchgesetzt, und alle drei Hersteller bauten schließlich Maschinen nach dem Grundkonzept von Lima, so dass eine ganze Reihe größerer und leistungsfähigerer Dampflokomotiven entstand.

Lima war nicht der einzige Hersteller, der Loks mit der Achsfolge 1'D2' baute: Lok 802 der *Nickel Plate Road* war eine von 32 Loks, die Alco für die *Wheeling & Lake Erie* fertigte. Das Foto von dem schweren Güterzug wurde Mitte der 1950er Jahre im Herzen Ohios aufgenommen. *J. William Vigrass*

765

←Eine *Berkshire-Doppeltraktion* der *Boston & Albany* bei der Arbeit zu beobachten, war ein gewaltiger Anblick. Nach dem Wassernehmen in West Brookfield, Massachusetts, nehmen die beiden Loks ihre Fahrt gen Osten wieder auf.
H. W. Pontin, Robert A. Buck collection

↙ Die berühmteste Lok des *Berkshire-Typs* bei der *Nickel Plate Road* ist die Maschine 765, die sich im Besitz der *Fort Wayne Railroad Historical Society* in Indiana befindet. Diese klassische Lima-Lok mit der Achsfolge 1'D2' hat bei Sonderfahrten Karriere gemacht. Am 30. Juli 1988 eilte sie in Tuxedo, New York, entlang der alten *Erie Railroad-Strecke* in Richtung Westen.
George W. Kowanski

↓ Eine Doppeltraktion von F7 der *Western Maryland* leistet am 17. Oktober 1970 an der berühmten Helmstetters-Kurve Vorspanndienste für die *Berkshire* mit der Nummer 759 der *Nickel Plate*, die die Steigung Richtung Frostburg, Maryland, bewältigen muss.
George W. Kowanski

Hudson

Die *Water Level Route* der *New York Central* war im 19. und 20. Jahrhundert einer der wichtigsten Handelswege in den USA. Diese weitgehend viergleisige Strecke verlief von New York City nach Chicago und folgte dabei dem Hudson River in nördlicher Richtung nach Albany, dann in westlicher Richtung entlang des alten Erie-Kanals durch eine stark industrialisierte Region über Schenectady, Syrakus, Rochester und Buffalo, New York, dann entlang des Ufers des Erie-Sees durch Erie, Pennsylvania, Cleveland, Toledo, Ohio, und durch das nördliche Indiana.

Das Netz der *New York Central* (NYC) war das zweitgrößte unter den amerikanischen Eisenbahngesellschaften. Um die Vorherrschaft im Transportwesen konkurrierte die NYC mit ihrem Erzrivalen – der *Pennsylvania Railroad.* Die beiden Giganten wetteiferten um Einzugsgebiete, Verkehrsaufkommen und Prestige. Im goldenen Zeitalter der Eisenbahnen war das Flaggschiff einer Bahngesellschaft meist ein Schnellzug und in der Regel ein hervorragendes Werbeinstrument. Der bekannteste und beeindruckendste Zug der Central war der »*20th Century Limited*«, der in seiner Blütezeit als exklusiver Pullman-Schlafwagenzug der 1. Klasse zum Sondertarif nächtlich über die gesamte Strecke der *Water Level Route* in etwas mehr als 16 Stunden von der Grand Central Station in New York City zum Bahnhof LaSalle St. in Chicago raste. Es war der Stolz der »Great Steel Fleet« (»Großen Stahlflotte«) der Eisenbahn, die eine Vielzahl von namentlich genannten »limited trains« umfasste, die Städte im Nordosten und Mittleren Westen miteinander verbanden.

Als Personenverkehrsunternehmen war die *Central* sehr stolz auf ihre Schnellzug-Maschinen und trieb die Entwicklung immer größerer und

Bei Montrose, New York, führt am 7. April 1947 die J-1b 5244 der *New York Central* den vorderen Teil des Zuges 44, des New York Special.
Edward L. May, New York Central System Historical Society

leistungsfähigerer Loks voran. Mitte der 1920er Jahre stieß die Bauform der »*Pacific*« mit dem aufblühenden Personenverkehr an ihre praktischen Grenzen hinsichtlich Größe und Leistung, und da es sich bei der *Central* um eine alte, nach frühen Standards gebaute Strecke mit einem ungewöhnlich engen Lichtraumprofil handelte, das die maximale Breite der Lokomotivkessel im Vergleich zu großzügiger bemessenen Trassen einschränkte, war eine mutige Lösung gefragt. Paul Kiefer, der Chefkonstrukteur für Lokomotiven der Bahngesellschaft, brachte mit der Einführung der Bauform 2'C2' die Konstruktion von Dampf mit drei Treibachsen einen großen Schritt voran. Diese Type verfügte über ein vierrädriges Laufdrehgestell um den Bau einer wesentlich größeren Feuerbüchse zu erleichtern, sowie über einen Tender mit besonders großer Kapazität, um viel Dampf erzeugen zu können, damit die Lok die schweren Fahrzeuge der *Central* mit Spitzengeschwindigkeit befördern konnte.

In Zusammenarbeit mit Alco entstand so 1927 die erste Lok der Bauart *Hudson*, die auch als Baureihe J-1 bezeichnet wurde, und am Valentinstag desselben Jahres ihr öffentliches Debüt gab. Es handelte sich um eine außergewöhnliche Lokomotive, von der Alco schließlich weitere 204 Exemplare bauen sollte. Die J-1 hatten ein schmuckloses, funktionelles Erscheinungsbild, waren aber dennoch gut aussehende und ausgewogen proportionierte Maschinen, die einfach Kraft ausstrahlten. Mit diesen leistungsstarken Maschinen konnten die Eisenbahnen ihre Züge verlängern und dennoch die engen Fahrpläne einhalten sowie gleichzeitig noch die Betriebskosten senken.

Aufbauend auf diesem Erfolg verfeinerte Kiefer 1935 die *Hudson*-Konstruktion zur Baureihe J-3a »*Super Hudson*«. Er modifizierte dafür die Zylindergrößen, erhöhte den Kesseldruck und verwendete modernen legierten Leichtmetallstahl für Gestänge und Wälzlager und setzte auf moderne Antriebsradkonstruktionen. Dadurch erhielt die Baureihe J-3a eine überlegene Leistung, mit hoher Brennstoffeffizienz und Zuverlässigkeit. Die berühmtesten Vertreterinnen dieser Bauart waren die eleganten Stromlinienloks und -züge mit stilvoller Art-Deco-Verkleidung, die von Henry Dreyfuss für den Einsatz auf dem neuen 1938 aus der Taufe gehobenen »*20th Century Limited*« entworfen wurden. Doch ihre Blütezeit währte nur kurz, denn die Baureihe J-3 musste sich nach dem Zweiten Weltkrieg bald dem Dieselantrieb geschlagen geben. In den 1950er Jahren fehlte dem Management der *Central* jeglicher Sinn für eine historische Würdigung ihrer technologischen Errungenschaften, und sobald sich die Dieselloks durchgesetzt hatten, wurden alle vorhandenen Loks dieser Type verschrottet.

Die Baureihe J-1 *Hudson* der *New York Central* war eine exzellente Maschine mit jeder Menge Leistung im Kessel. Die auf Hochglanz polierte Lok 5229 des Typs J-1b zieht hier einen Sonderzug. *Solomon collection*

↑↑ Das Zugangebot der *New York Central* umfasste zahlreiche mit Namen versehene Züge, wie etwa Zugnummer 67 *Commodore Vanderbilt,* der zu Ehren des Gründers der Eisenbahn benannt wurde. Dieser Zug wurde am 16. Juni 1940 in der Nähe der Bear Mountain Bridge in Manitou, New York, von Lok 5215 (Baureihe J-1b) angeführt.
Edward L. May, New York Central System Historical Society

↑ Die schönsten *Hudson* der *New York Central* waren die Loks der Baureihe J-3as der Baujahre 1937 bis 1939. Die Aufnahme zeigt Lok 5441 bei der Durchfahrt in Tivoli, New York, am 30. August 1941.
Edward L. May, New York Central System Historical Society

Diese Stromlinien-*Hudson* Baureihe J-3a (Nummer 5447) verkörpert die Ära der Art Deco-Eleganz. Sie wurde 1938 in voller Fahrt am Ufer des namensgebenden Flusses bei Maniou, New York, mit dem *20th Century Limited* aufgenommen.
Edward L. May, New York Central System Historical Society

Northern

Die rasche Entwicklung der amerikanischen Dampflokomotiven führte dazu, dass im etwa gleichen Zeitraum sowohl die Reisezugloks der Bautypen von der Achsfolge 2‘B1‘ über die Achsfolge 2‘C1‘ auf schließlich 2‘D1‘ weiterentwickelt wurden, wie die Bauform der Güterzugloks sich von der Achsfolge 1‘D über die Achsfolgen 1‘D1‘ sowohl in Richtung der Bauform 2‘D1‘ wie auch der Bauform1‘D2‘ veränderte. Dies wies den Weg für eine gemeinsame Radanordnung bei Dampfloks, die sowohl für den Güter- als auch für den Personenverkehr gleichermaßen gut geeignet war. Allerdings waren die ersten Exemplare der Loktype mit der Achsanordnung 2‘D2‘ noch eine recht kuriose Konstruktion, die für die *Northern Pacific* entwickelt wurde und mit deren minderwertiger Montana-Kohle befeuert werden sollte.

1926 wandte sich die *Northern Pacific* an Alco, um eine große Dampflok für ihre Reisezüge konstruieren zu lassen, die die billige Montana-»Rosebud«-Kohle besser ausnutzen konnte, welche entlang ihrer Strecken reichlich abgebaut werden konnte. So entstand die erste Lok mit der Achsfolge 2‘D2‘, die Alco aus der eigenen Type *Mountain* (Achsfolge 2‘D1‘) ableitete und mit einer größeren Feuerbüchse mit breitem Rost ausstattete, um die Rosebud-Kohle mit ihrer niedrigeren Ergiebigkeit in ausreichender Menge verfeuern zu können.

Diese Loktype wurde zu Ehren der NP als »*Northern*« bezeichnet, und bald übernahmen drei weitere nordamerikanische Eisenbahnen diese Bauform. Vielleicht lag es daran, dass die Bezeichnung »*Northern*« nie allseitig akzeptiert wurde? Tatsächlich erhielt keine andere Dampfloktype mehr Namen als die 2‘D2‘. Direkt anschließend an diese Pioniertype baute Alco Maschinen mit derselben Achsfolge für die *Lackawanna*, die dort als »*Poconos*« bekannt wurden. Danach wollte *Canadian National* wiederum nur leichte Loks der Achsfolge 2‘D2‘ für den Einsatz im Güter- und Personenverkehr in ihrem Netz haben. Sie nannte diese Loks »*Confederations*«. Die *Santa Fe* war dann das erste Unternehmen, das eine von Baldwin gebaute Lok mit der Achsfolge 2‘D2‘

↓ Die *Northern Pacific* war die erste, die die Achsanordnung 2′D2′ übernahm, das im Wesentlichen auf die 2′D1′-*Mountain* zurückging, die mit einer ungewöhnlich großen Feuerbüchse zur Verbrennung minderwertiger Braunkohle ausgestattet war.
Solomon collection

Die *Santa Fe* war eine große Abnehmerin des Typs 2'D1'-*Mountain*. 1927 kaufte sie als erste eine von Baldwin gebaute Lok mit der Achsanordnung 2'D2'. Sie setzte den Typ universal im Streckendienst ein und bestellte während des Zweiten Weltkriegs weitere Exemplare. Die erste 2'D2' mit der Nummer 3751 ist erhalten und restauriert worden. Die Aufnahme zeigt sie auf ihren ehemaligen Heimatgleisen beim Passieren von San Clemente, Kalifornien, an der Pazifik-Küste. *Brian Solomon*

erwarb. Die modernsten und berühmtesten 2'D2'-Maschinen gehören dagegen zu den bekanntesten Dampflokomotiven Amerikas. Das waren von Lima gebaute halb-stromlinienförmige Lokomotiven für die *Southern Pacific* – am besten in Erinnerung ist davon Lok 4449, die in den 1970er Jahren für Sonderfahrten auf deren Hauptstrecken restauriert wurde, oder die von der *Union Pacific* gebaute Highdriver 800-Klasse. Diese wird noch heute von der Lok Nr. 844 verkörpert, die als letzte ihrer Art gebaut wurde und nach Ende der Dampfzeit nie ausgemustert wurde, sondern auch heute noch für Sonderfahrten im Einsatz ist. Schließlich wären die eleganten stromlinienförmigen Loks der Baureihe J der *Norfolk & Western* zu nennen, wie sie durch die Lok Nr. 611 noch heute repräsentiert wird.

2100

← →1945 baute die *Reading Company* eine Flotte von Tenderloks der Baureihe T-1 2'D2' auf, indem sie Kessel und Feuerbüchsen aus einigen älteren 2'D-*Consolidations* wiederverwendete. Als sie 1959 ihren Frachtverkehr verdieselte, begann sie mit den noch verfügbaren T-1-Maschinen die beliebten Reading Iron Horse Rambles-Ausflugsfahrten durchzuführen.
Richard Jay Solomon

↘ Die *Canadian National* erwarb mit 203 Maschinen die größte Anzahl von 2'D2'-Lokomotiven, darunter auch einige von ihrer amerikanischen Tochtergesellschaft *Grand Trunk Western*. Die 2'D2'-Lokomotiven der *CN* waren stattliche Maschinen, die sowohl für Güter- als auch für Reisezüge geeignet waren. Diese hatten im Vergleich zu den auf vielen Strecken in den Vereinigten Staaten eingesetzten Loks eine geringe Achslast, was den kanadischen Lokomotiven eine breitere Einsatzmöglichkeit gab, da sie auch auf Strecken mit niedrigeren Achslasten verkehren konnten. Das Bild zeigt die Lok 6167 der *CN* vor einem Sonderzug im Juni 1961.
Richard Jay Solomon

Fliegender Hamburger

Deutschland stand in den 1930er Jahren an der Spitze der Entwicklung von Hochgeschwindigkeitszügen und hat dabei mehrere wichtige Meilensteine gesetzt, die die Weiterentwicklung der Eisenbahn in Europa und Amerika geprägt haben. Bereits 1903 verschob Deutschland die Grenzen bei den bis dahin erreichten Höchstgeschwindigkeiten. Die Schnellfahrten auf der Strecke Marienfelde – Zossen zeigten, dass elektrische Züge mehr als 200 km/h erreichen konnten. Am Beginn der 1930er Jahre trieb das Land die Grenzwerte mit seinem propellergetriebenen »*Schienenzeppelin*«, einem einzelnen, leichten Wagen, der problemlos 160 km/h erreichte, noch weiter nach oben. Berichten zufolge schaffte er in einem Hochgeschwindigkeitstest den Rekordwert von 230,1 km/h.

Bedeutender war die Entwicklung des dieselelektrischen, aerodynamisch konstruierten, zweiteiligen Drehgestell-Triebwagens SVT 877 durch die Wagen und Maschinenbau AG (WUMAG) im Jahre 1932. Zu Zeiten als die frühen Dieselloks noch langsam, träge und schwer waren, wurde dieser Zug von zwei modernen, leichten Maybach-Dieselmotoren mit 410 PS angetrieben. Das damals futuristisch anmutende aerodynamische Zugdesign in Leichtbauweise beruhte auf fortschrittlichen Innovationen beim Automobil- und Flugzeugbau, während die Form des Zuges aus den aufwändigen Windkanalexperimenten im Zeppelinwerk am Bodenseeufer in Friedrichshafen stammte. Diese zielten darauf ab, den Luftwiderstand zu verringern und den Zug bei geringerem Energieverbrauch schneller fahren zu lassen. Die Auswirkungen des Luftwiderstands nehmen mit zunehmender Geschwindigkeit eines Körpers zu, und bei beabsichtigten Geschwindigkeiten von mehr als 160 km/h wurde der aerodynamischen Gestaltung des Fahrzeugs eine große Bedeutung beigemessen.

Am 15. Mai 1933 wurde der Zug als *Fliegender Hamburger* von der *Deutschen Reichsbahn* zwischen Berlin und Hamburg offiziell in den Fahrplanbetrieb geschickt. Er war damals der

Elektrischer Triebwagen
auf der Versuchsstrecke Marienfelde—Zossen, ausgerüstet von Siemens & Halske 1901—1903
(Erreichte am 23. Oktober 1903 eine Geschwindigkeit von 206,7 km/h)

↙ Im Jahr 1901 wurde die Militärbahn Zossen – Marienfelde bei Berlin in ein modernes Hochgeschwindigkeits-Eisenbahnversuchsgelände umgebaut, das speziell mit einer dreiteiligen Oberleitung für Drehstrom von Siemens & Halske und der AEG ausgestattet wurde. Versuche im Jahre 1903 zeigten, dass dort Züge Geschwindigkeiten von bis zu 209,2 km/h erreichen konnten.
Solomon collection

↗ Der restaurierte Schnelltriebwagen SVT 137 225 der Bauart Hamburg ist am Leipziger Hauptbahnhof ausgestellt. Deutschlands schnittige, aerodynamisch gestalteten dieselelektrischen Triebwagen inspirierten die Entwicklung und waren Mitte der 1930er Jahre das Vorbild für ähnliche Dieseltriebwagen in den Vereinigten Staaten, insbesondere für den *Streamliner* der *Union Pacific* und den von Budd gebauten *Zephyr der Burlington.*
Brian Solomon

← Das historische Emblem

schnellste reguläre Zug der Welt und legte seine 286,5 km Strecke in nur 2 Stunden und 18 Minuten zurück, was einer Durchschnittsgeschwindigkeit von 124,6 km/h entsprach. Er erreichte dabei auf längeren Streckenabschnitten mehr als 160 km/h, um seine ehrgeizig bemessene Fahrzeit einzuhalten, und war viel schneller als konventionelle dampfgeführte Züge. Dieselmotoren und eine leichte aerodynamische Konstruktion ermöglichten dem Zug eine schnelle Fahrt, aber ebenso wichtig war sein fortschrittliches Bremssystem, einschließlich des automatischen Zugstopps, so dass der Zug sicher auf der Strecke verkehren konnte, ohne diese aufwändig anpassen zu müssen.

Der Erfolg dieses Zuges ermutigte die *Deutsche Reichsbahn*, ein ganzes Netz von täglich verkehrenden Schnellzügen zu schaffen, die deutsche Städte miteinander verbanden, und so bestellte sie siebzehn ähnliche Dieseltriebzüge. Von diesen waren dreizehn als zweiteilige und vier als dreiteilige Triebwagen ausgeführt. Bis 1935 hatte die *DRG* damit zwölf der schnellsten Linienzüge der Welt im Einsatz. Obwohl der Schnellverkehr mit dem Beginn des Zweiten Weltkriegs eingestellt wurde, überlebten einige der Triebwagen den Krieg und fuhren bis in die 1950er Jahre. Einige wenige blieben erhalten, wobei ein Teil des originalen *Fliegenden Hamburgers* im Nürnberger Eisenbahnmuseum steht.

← Das historische Emblem der Deutschen Reichsbahn-Gesellschaft auf dem SVT 137 225 der Bauart Hamburg im Leipziger Hauptbahnhof.
Brian Solomon

← Der SVT 137 225 der Bauart Hamburg steht im Hauptbahnhof in Leipzig. Er gehört zu einer Serie von 13 dieselelektrischen Triebwagen, die ab 1935 für den Schnellverkehr der DRG entstanden. Die Konstruktion der zweiteiligen Fahrzeuge mit Jakobs-Drehgestell lehnte sich an den SVT 877 an.
Brian Solomon

→ Im Jahr 1935 erinnerten Sonderbriefmarken an das damalige hundertjährige Bestehen der deutschen Eisenbahnen. In der unteren Reihe sind moderne Stromlinienzüge abgebildet, darunter links der *Fliegende Hamburger* und eine Stromlinienlok der Baureihe 05 (rechts) im Kontrast zum *Adler*, der als erste Lokomotive auf deutschen Schienen fuhr (oben links).
Hundert Jahre Deutsche Eisenbahnen, Solomon collection

↓ Der SVT 877 *Fliegende Hamburger* rast auf seiner Fahrt von Hamburg nach Berlin durch den Sachsenwald. Diese schnellen, leichten, dieselbetriebenen Züge inspirierten die Entwicklung ähnlicher Züge in den Vereinigten Staaten, einschließlich des berühmten *Zephyr* der *Burlington* von 1934.
Hundert Jahre Deutsche Eisenbahnen, Solomon collection

Black Five

Eine der ausgereiftesten britischen Lokomotiv-Baureihen war die so genannte »Black Five« (dt. »schwarze Fünf«), eine Standardtype der Achsfolge 2'C, die 1934 von der *London, Midland & Scottish Railway* (*LMS*) entworfen wurde. Diese vielseitige, zuverlässige, kompakte, leistungsstarke und auch äußerlich wohlproportionierte Lokomotive erntete sowohl von den Lokmannschaften als auch vom Wartungspersonal nur Lob. Diese Maschine gehörte zu den Standard-Baureihen der *LMS*, die aus dem Standardisierungsprogramm hervorgingen, welches der Chefingenieur der *LMS*, William A. Stanier, konzeptioniert hatte. Die Baureihe wurde zahlenmäßig zu einer der umfangreichsten britischen Dampflokbaureihen; nach der Verstaatlichung wurde sie auf Strecken im gesamten Vereinigten Königreich eingesetzt.

In den 1930er Jahren setzte Stanier bei der *LMS* eine Strategie für eine einheitliche Flotte standardisierter Lokomotiven durch. Nicht alle bei der Bahngesellschaft waren von dieser Idee begeistert. Zunächst musste er interne Widerstände überwinden, bevor er fünf Standardtypen einführen konnte, darunter seine für Güter- und Personenverkehr gebaute Zweizylinderlok der Achsfolge 2'C, für die es bis dahin kein Vorbild gab. Diese Type wurde bald nur noch als »Black Five« bezeichnet, was auf das Klassifizierungsschema der *LMS* zurückging, nach der die Lokbauart eigentlich als 5P5F bezeichnet worden wäre. Doch später wurde an den schwarz lackierten Loks nur die Kennziffer 5 angebracht und so kam die Bauart zu ihrem Spitznahmen.

Stanier war nach einer langen Karriere bei der britischen *Great Western Railway* (*GWR*) zur *LMS* gekommen. Die *GWR* war berühmt für ihre Flotte der sogenannten *Kings Class* mit der Achsfolge 2'C, die für Stanier bei seinem Entwurf zweifellos Pate stand. Es gab aber auch Unterschiede zwischen den beiden Typen: Die *Kings Class* verwendeten die innenliegende Ventilsteuerung der Bauart Stephenson, während die *Black Five* die außenliegende Walschaerts-Steuerung verwendeten.

Lackiert in der schwarzen Farbgebung der *British Railways* nähert sich eine *Black Five* der ehemaligen *LMS* dem Bahnhof von Highley auf der museal noch betriebenen *Severn Valley Railway*. *Brian Solomon*

Die *Black Five* mit der Nummer 45110 nähert sich dem Bahnhof von Arley im malerischen britischen Severn Valley, einer von Dutzenden von erfolgreichen Museumseisenbahnen im Vereinigten Königreich.
Brian Solomon

Die Maschine 5000 wurde 1934 in den Crewe-Werken der *LMS* gebaut. In den folgenden 17 Jahren erhielt die *LMS* 842 *Black Fives*; viele wurden in den Werkstätten der Eisenbahn in Crewe, Derby und Horwich gebaut, und da es sich um eine Standardausführung handelte, wurden auch große Stückzahlen industriell gefertigt. Der Erfolg dieser Type führte dazu, dass viele Exemplare bis zum Ende des britischen Dampflokbetriebs im Jahr 1968 überlebten. Glücklicherweise entgingen 19 Loks dieser Bauart der Verschrottung und werden heute bei britischen Museumseisenbahnen eingesetzt.

45110

45110
BRITISH RAILWAYS

⇖ Die *Black Five* mit der Nummer 45110 ist jetzt bei der *Severn Valley Railway* zuhause. Sie ist eine von 842 ähnlichen Lokomotiven und wird oft als eine der letzten aktiven Dampflokomotiven der *British Railways* bezeichnet.
Brian Solomon

← Die klaren Linien und die ausgewogene Konstruktion der *Black Five* von Stanier haben in Verbindung mit den sehr großen Stückzahlen zur Langlebigkeit und anhaltenden Beliebtheit dieser Type unter der Vielzahl der erhaltenen Dampflokomotiven im Vereinigten Königreich beigetragen.
Brian Solomon

↑ Große Ähnlichkeit mit den *Black Fives* der *LMS* wiesen die Standard 5-Loks mit der Achsfolge 2'C der *British Railways* auf, die auf deren erste Bauform zurückgingen. Lok 73082 Camelot fährt heute auf der *Bluebell Railway*, in der ehemaligen Southern Region südöstlich von London; diese war die erste museal erhaltene Normalspurstrecke im Vereinigten Königreich.
Brian Solomon

Pennsylvania Railroad GG1

Die Berühmteste der Elektroloks aus der großen Zeit der amerikanischen Dampflokzeit war wohl die stromlinienförmige GG1 der *Pennsylvania Railroad* (PRR). Die majestätisch elegante Erscheinung dieser Maschinen lässt sich auf Fotos leider nicht vollständig wiedergeben. Leistungsstark und außergewöhnlich robust waren diese elektrischen Loks, so dass sie und ihre Folgebaureihen schließlich fast fünf Jahrzehnte lang als treue Zugpferde im Dienst der *PRR* blieben. Das abgestufte Wimmern der Fahrmotoren einer GG1, während sie beschleunigte, der tiefe gutturale Klang ihres Signalhorns und das Klappern ihrer Mehrfachachsen entstammen noch der Dampflokära, haben jedoch die Dampfkraft um eine Generation überlebt.

In den 1920er und 1930er Jahren nahm die *PRR* die intensivste Elektrifizierung der amerikanischen Hauptstrecken mit Wechselstrom in Angriff, als sie die viel befahrenen Strecken New York – Philadelphia – Washington, D.C., auf Elektrotraktion umstellte. Letztendlich umfasste dieses umfangreiche Projekt Strecken nach Harrisburg, Pennsylvania, sowie verschiedene Abzweig- und Umleitungsstrecken für den Güterverkehr. Ursprünglich baute die *PRR* Zweirichtungs-E-Loks als sog. Boxcab-Lokomotiven, die aussahen wie Schuhkartons auf Rädern. Auch war deren Achsanordnung noch aus der Dampflok-Entwicklung abgeleitet worden. Am zahlreichsten war die P5 nach dem Vorbild der *Pacific*-Dampfloks. Allerdings entdeckte die *PRR* bald schwerwiegende Mängel an diesen Konstruktionen, insbesondere bei hohen Geschwindigkeiten. Die P5-Lokomotiven litten unter übermäßigem seitlichem Schwanken und entwickelten Achsrisse. Darüber hinaus zeigte ein schwerer Unfall mit einer P5 auf einem Bahnübergang die Gefahren eines Führerstands an der Lokfront.

Anfang 1933 richtete die *PRR* eine Teststrecke in Claymont, Delaware, ein, um eine leistungsfähigere E-Lokbaureihe zu entwickeln. Sie lieh sich eine Lok von der *New Haven Railroad* aus deren Boxcab-Baureihe EP3. Die zweiteilige Maschine war mit einem Gelenk verbunden und besaß die Achsfolge (2'Co1')(1'Co2'). Verglichen mit einer Dampflok war es so, als ob man zwei *Pacifics* quasi »Rücken an Rücken« gekoppelt hätte (ohne Tender).

Dies sorgte für bessere Fahreigenschaften und ermöglichte gleichzeitig die Verteilung der Leistung auf mehr Achsen. 1934 baute die *PRR* dann zwei Prototypen: Einen Prototyp der Klasse R1 mit starrem Radstand und der Achsfolge 1'Do1' und einen Prototyp der Klasse GG1 mit der Achsfolge (2'Co)–(Co2') nach dem Vorbild

↙ Am Pearl-Harbor-Day 1958 raste Lok 4935 als eine der damals noch oft anzutreffenden GG1 der *PRR* mit dem Schnellzug *The Admiral* durch Overbrook, Pennsylvania, in Richtung Osten. Zwei Jahrzehnte später wählte die *Amtrak* diese Lokomotive aus, um sie in ihr klassisches Aussehen zurückversetzen zu lassen. Heute wird Lok 4935 stolz im Railroad Museum of Pennsylvania in Straßburg ausgestellt.
Richard Jay Solomon

↗ Die GG1 4868 der *Pennsylvania Railroad* rangiert auf dem Überholgleis im Sunnyside Yard in Queens, New York. Fast 50 Jahre lang wurden Loks der Baureihe GG1 im dortigen Sunnyside Yard gewartet.
Richard Jay Solomon

der EP3 der *New Haven Railroad*. Beide Lokomotiven besaßen eine überarbeitete Wagenkastenkonstruktion mit mittig angeordneten Führerständen, die durch lange, konisch zulaufende Bugteile geschützt waren. Die dabei verwendeten genieteten, stromlinienförmigen Blechverkleidungen waren einem Design von Donald Dohner von Westinghouse nachempfunden. Die Bauform der GG1 erwies sich als überlegen und so wählte die *PRR* diese als elektrische Standardlok aus. Bevor die GG1 in Serienproduktion ging, engagierte die *PRR* den in Frankreich geborenen Industriepionier Raymond Loewy, um das äußere Erscheinungsbild der Lokomotive noch zu verbessern. Er schlug eine Reihe kleinerer Veränderungen vor, darunter die Verwendung einer geschweißten Karosseriekonstruktion zusammen mit verschiedenen äußeren Verfeinerungen. Auch die charakteristische Farbgebung in »Brunswick green« (dt. »Braunschweiger Grün«) und die goldenen »Nadelstreifen«, die ein wenig so aussehen wie die Schnurrhaare von Katzen, gehen auf Loewy zurück.

Schließlich bestellte die *PRR* 138 Exemplare der Serienausführung der GG1, die zwischen 1935 und 1943 von GE in Erie, Pennsylvania, von Baldwin in Eddystone, Pennsylvania, und in den eigenen Juniata Shops der *PRR* in Altoona gebaut wurden. Diese waren mit 4.620 Pferdestärken im Dauerbetrieb ausgelegt, obwohl sie kurzzeitig auch mehr Leistung liefern konnten. Vor allem waren sie in der Lage, einen Reisezug mit 18 bis 20 schweren Wagen mit einer Geschwindigkeit von bis zu 145 km/h zu befördern. In den 1970er Jahren erbten dann *Amtrak* und *Conrail* viele GG1 von der *PRR* und setzten sie noch bis 1981 ein. Die letzten 13 Loks waren bis Oktober 1983 für *NJ* Transit zwischen der New Yorker Penn Station und South Amboy im Einsatz. Mehrere Exemplare sind erhalten und äußerlich restauriert worden.

In den 1950er Jahren ließ die *PRR* einige ihrer GG1 mit einer Variation des Loewy-Farbschemas lackieren und ersetzte dabei analog zum Wagenmaterial ihrer Reisezüge den Außenanstrich »Brunswick green« durch »tuscan red« (dt. »toskanisches Rot«). Am 8. Juni 1958 rollt Lok 4910 durch Trenton, New Jersey. *Richard Jay* Solomon

VANIA 4910

Type 12

Zu den am ungewöhnlichsten aussehenden und schnellsten Dampflokomotiven Kontinentaleuropas gehörte die belgische Type 12 aus dem Jahr 1939. Belgien verfügt über das älteste und dichteste Bahnnetz Europas. Da das Land aufgrund seiner dichotomen Kultur zwei Hauptsprachen hat, ist die belgische Staatsbahn sowohl auf Flämisch als *Nationale Maatschappij* der *Belgischen Spoorwegen* (NMBS) wie auch auf Französisch als *Société National des Chemins de fer Belges* (SNCB) bekannt.

In den späten 1930er Jahren verfolgte die *NMBS/SNCB* das Ziel, ihr Prestige zu erhöhen und dafür ihre wichtigsten Schnellzüge zu beschleunigen, die den Nordseehafen Oostende mit der Hauptstadt Brüssel verbinden. Oostende bot und bietet direkte Fährverbindungen nach England an, so dass die Strecke Ostende – Brüssel einer der Hauptkorridore für Reisen zwischen dem Vereinigten Königreich und Städten in Mitteleuropa darstellt. Inspiriert von den schnellen, Stromliniendampfloks in Nordamerika ahmte der Lokomotivkonstrukteur Raoul Wotesse den Erfolg der Alco-Bauart A1 (Achsfolge 2'B1') nach, die als *Atlantics* mit Stromlinienverkleidung für den Expresszug *Hiawatha* der *Milwaukee Road* gebaut wurde, welche die Großstädte Chicago, Milwaukee und Minneapolis/St. Paul verband. Zu dieser Type muss man auch noch die davon abgeleiteten Bauarten 2'B2' *Jubilee* zählen, die von der kanadischen Alco-Tochter Montreal Locomotive Works für die *Canadian Pacific* gebaut wurden. Wotesse arbeitete mit dem französischen Industriedesigner André Huet – ebenfalls bekannt für die Rationalisierung französischer Lokomotiven – zusammen, um die neue belgische Lokomotive mit einer futuristischen Metallummantelung zu versehen. Es ist bezeichnend, dass diese Verkleidung zwar darauf abzielte, den Windwiderstand bei der Geschwindigkeit zu verringern, aber offene Bereiche beibehalten wurden, um die Wartung zu erleichtern. Damit wurde ein Hauptmangel früherer Stromlinienverkleidungen überwunden, bei denen die vollständige Ummantelung den Nebeneffekt hatte, dass die normalen Wartungsarbeiten erschwert und somit die Betriebskosten erhöht wurden.

Sechs Exemplare der Baureihe 12, die ursprünglich die Nummern 1201-1205 trugen, wurden 1939 vom belgischen Hersteller Cockerill in Lüttich gebaut. Diese waren mit außergewöhnlich hohen Antriebsrädern ausgestattet, um einen anhaltend schnellen Lauf zu ermöglichen. Zu den ungewöhnlichen Elementen der Konstruktion gehörten Innenzylinder, die die erste Treibachse über innenliegende Stangen und eine gekröpfte Achse antreiben, jedoch mit außenliegenden Pleuelstangen zwischen den Triebrädern. Die ersten vier Lokomotiven erhielten eine Walschaerts-Steuerung belgischer Bauart, während die letzten beiden Maschinen zwei verschiedene Systeme verwendeten.

Im Mai 1939 unternahm die Maschine 1202 eine vielbeachtete Hochgeschwindigkeitsfahrt von Brussels Midi nach Oostende-Kai, wobei sie mit bis zu 165 km/h eine Durchschnittsgeschwindigkeit von 121 km/h erreichte und damit einen europäischen Geschwindigkeitsrekord aufstellte. Die Blütezeit der Lokomotiven war jedoch außergewöhnlich kurz, da in Europa schon im September 1939 der Zweite Weltkrieg ausbrach. Nach dem Krieg kamen die überlebenden Lokomotiven des Typs 12 wieder in den Schnellzugdienst. Im September 1962 wurde die Lokomotive 1204, die inzwischen in 12004 umnummeriert worden war, abgestellt und konserviert. Seit 2015 ist sie im Eisenbahnmuseum in Schaarbeek in Brüssel ausgestellt, nicht weit entfernt von dem Ort, an dem sie während ihrer Betriebsjahre stationiert war.

Das überlebende Exemplar der Baureihe 12 der *NMBS/SNCB* ist im belgischen Museum »Train World« in Brüssel eindrucksvoll in Szene gesetzt worden. Zur dramatischen Wirkung trägt auch die über dem Schornstein angebrachte künstliche Rauchwand bei.
Brian Solomon

R 353,L

Electro-Motive F-Unit

Ende 1939 führte die damalige *Electro-Motive Corporation* (EMC) von General Motors – die bald danach in *Electro-Motive-Division* (EMD) umbenannt werden sollte – nach mehreren Jahren intensiver Entwicklung ihr bahnbrechendes Modell FT als Streckendiesellok ein. Die Basistechnologie war aus den früheren E-Unit-Modellen für den Personenverkehr von EMC hervorgegangen und nun weiter entwickelt und in einen attraktiven stromlinienförmig gestalteten Lokkasten eingefügt worden. Die FT zeigte den amerikanischen Eisenbahnen unübersehbar, dass eine moderne dieselelektrische Lokomotive zuverlässig, langlebig, leistungsfähig und flexibel genug für eine Vielzahl von Aufgaben im Fernverkehr war, einschließlich der Beförderung schwerster Güterzüge.

Bezeichnenderweise hatte General Motors die FT so konstruiert, dass man mehrere Einheiten miteinander kuppeln konnte, was äußerst vielfältige Einsatzmöglichkeiten erlaubte. Die FTA-Einheiten waren mit Führerständen ausgestattet, während die FTB-Einheiten führerhauslose »Booster« (dt. Zusatzmaschine) waren und in ihrer ursprünglichen Konfiguration als A-B-Paare semi-permanent gekoppelt waren, so dass einige elektrische Komponenten dann auf die beiden Einheiten aufgeteilt wegen konnten. Die A-B-Einheiten leisteten 2.700 PS und sollten es mit der Leistung einer Dampflokomotive der Bauart *Mikado* (Achsfolge 1'D1') aufnehmen können, welche sich seit dem Ersten Weltkrieg zu einem regelrechten Arbeitspferd im Güterverkehr entwickelt hatte. Als A-B-B-A-Vierfachtraktionen kombiniert, brachten die FT-Maschinen zusammen 5.400 Pferdestärken aufs Gleis und erreichten oder übertrafen damit sogar die Zugkraft selbst der modernsten »Superpower-Dampfloks«. Die FT demonstrierten somit die zahlreichen Vorteile einer reinen Elektrolokomotive, die aber ohne die Notwendigkeit einer teuren Elektrifizierung der Gleisnetze auskam.

Nach einer ausgedehnten Demonstrationstour der Prototypen ging die FT in die reguläre Produktion, was am Vorabend des Eintritts der USA in den Zweiten Weltkrieg geschah. Das Timing von General Motors war von großer Bedeutung, da im Krieg mehr Züge eingesetzt und somit mehr Loks gebraucht wurden. Das hatte Folgen für die Dieselloks, denn gleichzeitig hatten die vom War Production Board auferlegten Beschränkungen für die Produktion von Lokomotiven in Kriegszeiten die Möglichkeiten der Eisenbahngesellschaften zum Kauf von Lokomotiven und insbesondere solcher mit Dieselmotoren stark eingeschränkt. Der Krieg limitierte also den Verkauf, ein Umstand, der den Konstrukteuren von GM die Möglichkeit

↙ Das brandneue Vorführmodell der FT von Electro-Motive war eine gut aussehende, Stromlinienmaschine, auf deren Nase stolz die Buchstaben »GM« und an den Seiten der Schriftzug »Electro-Motive« prangten. Diese radikal neue Lokkonstruktion überzeugte viele Eisenbahngesellschaften davon, dass der Diesel die Zukunft der amerikanischen Antriebstechnik sei. Nachdem sie einmal eine FT probegefahren hatten, kauften die meisten nie wieder eine Dampflok.
Solomon collection

↗ Die *New York Central* gehörte ebenfalls zu den Käufern von FT-Dieselloks. Diese FTA mit der Nummer 1600 wurde am 18. März 1945 in Elkhart, Indiana, aufgenommen.
A. Buck collection

gab, in Ruhe umfangreiche Forschungs- und Entwicklungsarbeiten an den Hauptkomponenten ihrer Lokomotiven vorzunehmen. Dies ermöglichte es ihnen, die Ursachen für das Versagen einzelner Komponenten besser zu verstehen und ihre Konstruktionen zu verbessern und damit ihre Lokomotiven zuverlässiger zu machen.

Während schon der Kriegseinsatz die technische Überlegenheit der F-Reihe von GM unter Beweis gestellt hatte, führte GM nach dem Krieg zahlreiche konstruktive Verbesserungen an seinen Nachkriegs-Dieselmotoren durch, wodurch GM schnell zum führenden amerikanischen Lokomotivhersteller aufstieg. Die neue F3 wurde mit einer Vielzahl von Getriebeoptionen angeboten, um es den Bahngesellschaften zu ermöglichen, ihre Diesellokomotiven für den vorgesehenen Einsatz regelrecht maßzuschneidern. Obwohl es sich in erster Linie um eine Güterzuglok handelte, konnte die F3 auch im Personenverkehr eingesetzt werden.

Der Schlüssel zur Dieselstrategie von GM lag darin, technische Änderungen in Serien einzuführen, anstatt stückweise Verbesserungen vorzunehmen, während gleichzeitig sorgfältig konstruktive Verbesserungen vorgenommen wurden, um die Kompatibilität der Komponenten mit älteren Konstruktionen zu gewährleisten. Mit dieser Strategie sollten alle paar Jahre die neuen Lokomotivmodelle von GM ältere Modelle ersetzen, während man dabei gleichzeitig Verbesserungen bei Zuverlässigkeit und Leistung einführen konnte. Im Jahr 1949 ersetzte der Typ F7 die F3s. Obwohl beide Typen auf 1.500 PS Leistung pro Einheit ausgelegt waren, hatte die F7 robustere Komponenten. Gleichzeitig wurden auch viele mit älteren Konstruktionen verbundene Mängel ausgemerzt. Die FP7 war zum Beispiel ein Modell, das speziell für den Passagierdienst gedacht war und deshalb über eine größere Dampfwärmekapazität verfügte.

1954 führte GM die F9 mit 1.750 PS Leistung ein, die ebenfalls wieder eine Reihe von Verbesserungen hinsichtlich Zuverlässigkeit und Betrieb aufwies. Mitte der 1950er Jahre wechselten die amerikanischen Eisenbahnen jedoch von stromlinienförmig gestalteten Loks auf billigere und vielseitigere Rangierlokkonstruktionen, die sich auch für den Streckendienst eigneten und darüber hinaus besser auf einen Zweirichtungsbetrieb ausgelegt waren. Ende der 1950er Jahre bestellten zwar einige wenige Eisenbahnen weiterhin F-Einheiten, die meisten bevorzugten jedoch Strecken-Rangierloks, wie die populäre GP9, die im Wesentlichen die gleichen Grundkomponenten wie die F verwendete, aber vielseitiger einsetzbar war.

Bei den letztgebauten F-Einheiten handelte es sich um spezielle Zweisystem-Loks für die *New Haven Railroad*, die sowohl diesel-elektrisch als auch an der seitlichen Stromschiene betrieben werden und so die unterirdischen Bahnhöfe von New York City ansteuern konnten. Bei diesen Loks kam die ungewöhnliche Achsanordnung Bo-A1A zur Verwendung.

SOUTHERN
2601
103
CNTP
ELECTRO-MOTIVE

4228
4228
4228

← Nach ihrem Debüt Ende 1939 begab sich die Pionierlok FT auf eine elfmonatige, 134.805 km lange Tour über die Netze der 20 wichtigsten amerikanischen Bahngesellschaften. Diese bedeutende Lokomotive ist erhalten geblieben und wurde in Spencer, North Carolina, während eines Lokomotiventreffens der »*Streamliners*« im Jahr 2014 fotografiert, wo sie zu den Stars der Ausstellung gehörte.
Brian Solomon

↙ Im Oktober 1964 schleppte die schon lange im schweren Einsatz stehende F3 mit der Nummer 4228 der *Boston & Maine* (*B&M*) einen vereinigten Personenzug der Central Vermont Railway und der B&M bei *White River Junction* in Vermont.
Richard Jay Solomon

→ Zu den typischen Erscheinungsmerkmalen der FT-Typen gehören die vier Bullaugen-Fenster auf jeder Seite des Lokkastens.
Brian Solomon

↑ Obwohl die F-Einheiten von EMD lange Zeit das Aussehen der nordamerikanischer Diesellokomotiven prägten, blieben diese klassischen Lokomotiven in einigen Regionen relativ selten, wie z.B. bei der amerikanischen Schwestergesellschaft der *Canadian National*, der *Grand Trunk Western* (*GTW*). Während Gesellschaften wie die *New York Central* Loks des Typs F zu Hunderten kauften, stellten die nur 23 Loks des Typs F3A bei der GTW geradezu eine Anomalie in der Flotte dar.
Richard Jay Solomon

↑ Im Jahr 2010 schloss Neuenglands *Pan Am Railways* einen Handel mit der *Conway Scenic Railroad* ab und tauschte je eine GP38 und eine GP35 aus ihrem Güterzugpark gegen Conways »*Sisters*« ein, wie die beiden ehemaligen FP 9-Loks der *Canadian National* auch genannt wurden. Diese wurden einst für den Einsatz vor dem Bürozug dieser Firma gekauft, und wurden im Februar 2016 beim Verlassen des Ostportals des Hoosac-Tunnels der *Boston & Maine* inmitten einer Schneewehe aufgenommen.
Brian Solomon

↗ Die zuletzt gebauten 60 F-Einheiten von EMD waren die ungewöhnlichsten. Die *New Haven Railroad* wandte sich Mitte der 1950er Jahre an EMD, um eine Flotte von diesel-elektrischen Zweisystem-E-Loks für den Einsatz an ihren Stromschienenstrecken in den elektrifizierten Bahnhöfen von New York City zu bestellen. Diese Doppeltraktion des Bautyps FL9 ist 1961 im Stromschienen-Netz der *New York Central* im Borough Bronx von New York City im Einsatz.
Richard Jay Solomon

→ Im Mai 2014 veranstalteten die Spencer Shops des North Carolina Transportation Museums eine Sondertreffen von Stromlinienfahrzeugen, zu dem mehr als zwei Dutzend EMD-Diesel mit E- und F-Einheiten aus dem ganzen Land zusammenfanden. Hier posierten eine ehemalige FP7 (Nummer 6133) der *Southern Railway*, eine F7A (Nummer 1189) der *Wabash*, und eine F3A der ehemaliger *Bangor & Aroostook* F3A (verkleidet als Lok 633 der *Lackawanna*) für Nachtaufnahmen.
Brian Solomon

2017

6133
SR
6133
WABASH
1189
663
Lackawanna Railroad

Lenins Elektrische

Die erste elektrifizierte Eisenbahn in der Sowjetunion (UdSSR) war eine relativ kurze Vorortbahn für den Personenverkehr in Baku, der Hauptstadt der aserbaidschanischen Sozialistischen Sowjetrepublik. Die UdSSR betrachtete die Elektrifizierung als das effektivste Mittel zur Erhöhung der Streckenkapazität und begann daher in den 1930er Jahren mit der Elektrifizierung strategisch wichtiger Strecken mit 3.000-V-Gleichstrom-Oberleitungen. Dazu gehörte auch die Steigungsstrecke der Transkaukasusbahn über den Suram-Pass. Für diese schwierige Strecke waren zuvor Dampfloks mit der Achsfolge E und eine ungewöhnliche Flotte von Dampflokomotiven des Typs *Fairlie* eingesetzt worden. Die elektrische Eisenbahntechnologie der UdSSR steckte damals noch in den Kinderschuhen, daher importierte die UdSSR acht von General Electric gebaute Elektrolokomotiven, die einigen der fortschrittlichsten Typen aus jener Zeit glichen, die für die *New York Central* und *New Haven Railroads* in den Vereinigten Staaten gebaut wurden. Die Elektroloks der Baureihe S der UdSSR fuhren auf Drehgestellen vom Typ Co'Co' mit in Reihe geschalteten Tatzlagermotoren. Etwa zur gleichen Zeit verfeinerte die UdSSR ihre eigene Elektrolokkonstruktion mit der Bezeichnung VL19; die Buchstaben VL würdigten den Führer der Revolution Vladimir Lenin, während die Zahl 19 die 19 Tonnen Achslast der Lok kennzeichnete. Der Typ VL19 schnitt im Vergleich zu den US-Loks schlecht ab, so dass die UdSSR für eigene Elektrolokomotiven stark auf die Weiterentwicklung der Konstruktionsprinzipien von GE setzte. Dies führte zur VL23 von 1938 und beeinflusste die sowjetische Konstruktion von Elektrolokomotiven über die nächsten 25 Jahre.

Obwohl die UdSSR ihr elektrisches Streckennetz mit 3.000 Volt Gleichstrom nach dem Zweiten Weltkrieg zügig ausbaute, begann sie Mitte der 1950er Jahre auch mit Wechselstrom zu experimentieren. Sie entschied sich für 25 kV bei 50 Hz als ihren neuen bevorzugten Standard für das Hauptstreckennetz, baute jedoch parallel auch die Gleichstromelektrifizierung in solchen Regionen weiter aus, in denen diese bereits vorhanden war. Die erste serienmäßig hergestellte Wechselstrom-Ellok der UdSSR war der Typ N60, der ab 1957 im Nowotscherkassker Werk gebaut wurde. Wie die frühen gleichstrombetriebenen Einheiten fuhren auch diese sechsmotorigen Elektrofahrzeuge auf Drehgestellen vom Typ Co'Co'. In den frühen Beispielen wurden Quecksilberlichtbogen-Gleichrichter verwendet, aber Schwierigkeiten mit dieser Technologie führten dazu, dass spätere Lokomotiven das zuverlässigere Siliziumdioden-Gleichrichtersystem verwendeten. In beiden Fällen wurde 25 kV Wechselstrom in Gleichstrom umgewandelt, um in Reihe geschaltete Tatzlagermotoren zu betreiben. Es wurden schätzungsweise 2.600 N60 gebaut, womit dieser Typ zu den zahlenmäßig am stärksten vertretenen Elektrolokomotiven der damaligen Zeit gehörte.

1961 führte die UdSSR den Typ N80 ein, eine zweiteilige schwere elektrische Lokomotive mit einer Achsfolge Bo'Bo'+Bo'Bo', die speziell für schwere Güterzüge bestimmt war. Es handelte sich um außergewöhnlich leistungsstarke Maschinen, die fast 8.400 Pferdestärken auf das Gleis brachten. Mehr als 2.400 Stück wurden gebaut. Ähnlich in der Gesamterscheinung war eine reine Gleichstrom-Version. Während der Produktion der N80 und ihres Gleichstrompendants reklassifizierte die sowjetische Eisenbahn ihre Elektroflotte mit dem Präfix VL, um alle im Inland gebauten elektrischen Maschinen zu bezeichnen, was dazu führte, dass die N60 zu VL60, die N80 zu VL80 und die Gleichstromversionen zu VL10 umbenannt wurden. Zu diesem Zeitpunkt spiegelten die Zahlen in den Baureihenbezeichnungen auch nicht mehr das Achsgewicht wider.

Der Zerfall der Sowjetunion hatte zur Folge, dass die Elektrolokomotiv-Flotten unter den neuen Staatsbahnen Russlands und denen der ehemaligen Sowjetrepubliken unter Beibehaltung ihrer VL-Klassifikationen verteilt wurden. Dabei verschwanden allerdings meist die großen roten Sterne, die historisch zur Verzierung der sowjetischen Lokomotiven verwendet worden waren.

➔ Die sowjetische Baureihe N8 wurde später in VL8 umgezeichnet. Die Produktion dieses robusten Typs begann 1955 und wurde mit der Einführung der moderneren VL80 in den frühen 1960er Jahren eingestellt. Die Lok 1301 der Bauform VL8 der Ukrainischen Eisenbahnen rollt am 29. Mai 2019 mit einem Kohlenzug durch den Bahnhof Zaporizhzhya Male.
Stephen Hirsch

➘ Ein Nachschuss auf eine der ehrwürdigen VL8-Loks der *Ukrainischen Eisenbahnen* mit einem Güterzug im Bahnhof von Zaporizhzhya Male am 29. Mai 2019.
Stephen Hirsch

ВЛ8-1301

ЗАПОРОЖСТАЛЬ
582

↑↑ In Weißrussland tragen die VL80 aus den 1960er Jahren noch immer ihre sowjetischen roten Sterne, wie dieses farbenfrohe Exemplar einer VL80S mit der Nummer 592, die am 26. Mai 2019 den Bahnhof Minsk Uschodi passiert.
Stephen Hirsch

↑ Diese VL80-Lok der *Ukrainischen Eisenbahn* zieht westlich von L'viv einen schwer beladenen Güterzug. Wie andere Teile der ehemaligen UdSSR verfügt die Ukraine über außergewöhnlich verkehrsreiche Hauptstrecken, auf denen im sehr dichten Takt alle paar Minuten lange Güterzüge verkehren.
Brian Solomon

→ Die sowjetische VL11 ist eine Gleichstromlok mit vielen baulichen Ähnlichkeiten zu den Wechselstromloks der VL80-Familie. Ein Exemplar rollt am 29. Mai 2019 mit einem Güterzug durch den ukrainischen Bahnhof Saporischschja 1.
Stephen Hirsch

↓↓ Eine weißrussische VL80S an der Spitze eines langen Güterzuges im Bahnhof Minsk Uschode im Mai 2019.
Stephen Hirsch

ВЛ11м-143А

12555348

Budd Rail-Dieseltriebwagen

In den 1930er Jahren entwickelte die in Philadelphia ansässige Budd Company einige der allerersten stromlinienförmigen Züge unter Verwendung ihrer patentierten geschweißten Edelstahlkonstruktionen, die sich durch Leichtbauweise und gesickte Seitenwände auszeichneten. Diese frühen Stromlinienzüge brachten Budd in die Position, zu einem bedeutenden Lieferanten von Personenwagen zu werden. 1949 stellte Budd seinen Rail Diesel Car (allgemein bekannt als RDC) vor, einen dieselgetriebenen Triebwagen für Zweirichtungsbetrieb, der sowohl allein wie auch in Mehrfachtraktion als längerer Zug fahren konnte. Die RDCs wurden von zwei Dieselmotoren 6-110 Detroit von General Motors angetrieben, die unter dem Wagenboden angeordnet waren. Je nach Sitzkonfiguration wurden die RDCs für Nebenstrecken-, Vorort- oder Langstreckenfahrten eingesetzt. Budd bot mehrere Wagentypen an, die Konfigurationen der alten benzin-elektrischen Fahrzeuge nachahmten: Der RDC-1 war vollständig mit Fahrgastsitzen ausgerüstet, der RDC-2 zusätzlich mit einem Gepäckabteil und der RDC-3 verfügte über Abteile für Gepäck und Bahnpost und nur wenige Sitzplätze; der RDC-4 war dagegen ein Fahrzeug ausschließlich für Gepäck- und Postbeförderung und der RDC-9 schließlich war eine fahrstandslose Variante, die als Mittelwagen zwischen zwei anderen Einheiten dienen sollte. Die *New Haven* bestellte einen speziellen stromlinienförmigen Leichtbau-Zug, der aus einzigartig gestalteten RDCs bestand und für ihre *Roger-Williams*-Zugleistungen eingesetzt wurde.

Wie die alten gas-elektrischen Triebwagen und McKeen-»*Wind-Splitter*« bot Budd's RDC den Eisenbahnen eine praktische Möglichkeit zur Kostensenkung auf wenig befahrenen Strecken und Vorortlinien. Der RDC erforderte weniger Personal als lokbespannte Züge und

↙ Anfang Januar 1987 arbeitet sich der RDC der *Metro-North* mit der Betriebsnummer 47 durch die Schneelandschaft im Naugatuck Valley in der Nähe von Beton Falls, Connecticut, auf seinem Weg von Waterbury nach Bridgeport vorwärts. Vorher war er bei *Conrail* und der *New Haven* eingesetzt.
Brian Solomon

→ Ein RDC der *Long Island Rail Road* glitzert im Mai 1960 in der Nachmittagssonne am äußersten östlichen Ende des Reisezugnetzes der Eisenbahngesellschaft in Montauk, New York.
Richard Jay Solomon

vereinfachte den Betrieb, da er keine Wendeeinrichtungen oder Umlaufgleise wie lokbespannte Personenzüge erforderte. Bis Anfang der 1960er Jahre hatte Budd insgesamt 398 RDCs für nordamerikanische Eisenbahnen gefertigt. Am zahlreichsten waren diese Fahrzeuge in den nordöstlichen Bundesstaaten, wo die größten Flotten von der *Boston & Maine*, der *New York Central* und der *New Haven Railroad* beschafft wurden. Die *Baltimore & Ohio* gehörte zu den Linien, die sie auch im Fernverkehr einsetzte. Im Westen der USA waren die Budd-Triebwagen weniger verbreitet, obwohl einige Eisenbahnen ein oder zwei Exemplare für bestimmte Strecken orderten. Die *Southern Pacific* kaufte etwa nur ein einziges Fahrzeug, um die Kosten für die wenig nachgefragten Zugverbindungen zwischen Oakland und Sacramento zu senken. Dieser einzelne RDC wurde später dem landschaftlich reizvollen pazifischen Nordwesten der *SP* zwischen Willits und Eureka zugeteilt, wo er bis 1971 im Einsatz blieb. Die *Western Pacific*, berühmt für ihren (ebenfalls von Budd hergestellten) Stromlinientriebzug *California Zephyr*, kaufte auch ein Paar RDCs, um sie als *Zephyrette* auf der 1.475,8 km langen Strecke Salt Lake City–Oakland einzusetzen. Im Süden Amerikas waren die Triebwagen dagegen praktisch unbekannt, während die kanadischen Eisenbahnen im Norden wiederum eine größere Anzahl RDCs einsetzten.

Als die Eisenbahnen in den späten 1960er und 1970er Jahren immer mehr Strecken aufgaben, ging auch die Zahl der RDC-Einsätze zurück. Doch einige der Triebwagen fanden weiterhin Arbeit bei *Amtrak*, die 1971 die meisten verbliebenen Fernverbindungen des US-Eisenbahnverkehrs übernahm. In den 1970er Jahren übernahmen dann vielfach lokale Transportbehörden RDCs, darunter die in Boston ansässige *Massachusetts Bay Transportation Authority*, die New Yorker *Metro-North*, die in Baltimore beheimatete *MARC* und die in Philadelphia angesiedelte *SEPTA* sowie Kanadas Fahrgastunternehmen *VIA Rail*, das in den späten 1970er Jahren gegründet wurde, um den Betrieb von *Canadian National* und *Canadian Pacific* zu übernehmen.

Einige Triebwagen verkehrten somit über 60 Jahre lang im Linienverkehr! Einige wenige RDCs überleben heute noch auf Museumsbahnen, darunter auf der *Berkshire Scenic* in Massachusetts, der *Conway Scenic* and der *Hobo Railroad* in New Hampshire und bei der *Reading Northern* in Pennsylvania, einem Güterzugunternehmen, das auch klassische Ausflugsfahrten auf der Schiene durchführt.

Der RDC-1 Nr. 23 der *Conway Scenic Railroad* ist ein ehemaliger Triebwagen der *New Haven Railroad*, den diese wiederum von der New York, *Susquehanna & Western* erwarb. Er unternimmt gelegentliche Fahrten über die ehemaligen Strecken der *Boston & Maine* und *Maine Central* im Mount Washington Valley in New Hampshire, wo der Wagen inzwischen eine treue Fangemeinde hat.
Brian Solomon

9166
READING
REFRESHMENT CAR

Im Jahr 1978 führte Budd mit seinem Modell SPV-2000 das Triebwagenkonzept wieder ein. Dieses entstand auf der gleichen Konstruktionsplattform, die auch den elektrischen Hochgeschwindigkeits-Triebzügen *Metroliner* und den *Amfleet*-Wagen von *Amtrak* gemeinsam ist. Da die Produktion nur von kurzer Dauer war, blieben die SPV-2000 jedoch vergleichsweise selten. Insgesamt 13 der Wagen erwarb das Verkehrsministerium von Connecticut. Sie wurden kurzzeitig von *Amtrak* auf dem Shuttle New Haven–Hartford–Springfield, von der *Metro-North* auf ihren Nebenstrecken nach Waterbury und Danbury, Connecticut, sowie auf den Hudson und Harlem-Lines der früheren *New York Central* im Bundesstaat New York eingesetzt.

↑ Triebwagen 9166 der *Reading & Northern* ist ein seltenes Beispiel für einen RDC-3 mit Gepäckabteil und einem Bereich für ein Eisenbahnpostamt. Im Juli 2017 war der Triebwagen in der Nähe von Grier City, Pennsylvania, auf der Rückfahrt von Jim Thorpe zur Reading Outer Station. *Brian Solomon*

←Die beiden Budd-Triebwagen der *Reading & Northern* stehen in der Reading Outer Station, Pennsylvania, zur Abfahrt bereit. *Brian Solomon*

Talgo

In den 1930er und 1940er Jahren entwickelte der spanische Ingenieur Alejandro Goicoechea Omar (1895–1984) eine neuartige Personenwagenkonstruktion. Diese ist unter dem Akronym TALGO bekannt, das die gegliederte Konstruktion des Zuges mit den Namen von Omar und seinem Geschäftspartner José Luis de Oriol y Urigüen verbindet: *Tren Articulado Ligero Goicoechea-Oriol*. In seiner ursprünglichen Konstruktion unterschieden sich Omars TALGOs vom traditionellen Design der Personenwagen durch die Verwendung von ungewöhnlich kurzen Wagen in leichter röhrenartiger Bauweise. Diese wiesen semipermanent gekuppelte, gemeinsame Radpaare auf, die keine herkömmlichen Drehgestelle oder durchgehende Achsen verwendeten. Der Verzicht auf konventionelle vierrädrige Drehgestelle reduzierte den Radverschleiß und das Eigengewicht und ermöglichte den Bau eines Zuges mit tiefgelegenem Schwerpunkt und niedrigem Lichtraumprofil für vergleichsweise hohe Geschwindigkeiten.

In den späten 1940er Jahren beauftragte TALGO die *American Car and Foundry* mit dem Bau mehrerer kompletter Züge; drei davon wurden für die spanische Staatsbahn *RENFE* (*Red Nacional de los Ferrocarriles Españoles*) gebaut. Im Jahr 1954 wurde außerdem ein Vorführzug für eine Amerikatournee hergestellt, um eine Vermarktung in Nordamerika zu fördern. Zu dieser Zeit erforschten die US-Eisenbahnen schnelle, leichte Züge als Mittel zur Kostensenkung und zur Steigerung der sinkenden Fahrgastzahlen und den damit verbundenen Fahrgeldeinnahmen. Letztendlich testeten die *Boston & Maine*, die *New Haven* und die *Rock Island* diese frühen TALGO-Züge, jedoch eher mit mäßigem Erfolg. Im Gegensatz dazu setzte die *RENFE* ihre TALGOs verstärkt ein und kaufte immer wieder verbesserte Varianten dieser neuartigen Zuggarnituren, die nicht zuletzt auch die ersten klimatisierten Züge in Europa waren.

In den 1960er Jahren führte die *RENFE* neue TALGO-Züge ein, die von leistungsstarken dieselhydraulischen Loks deutscher Bauart von Krauss-Maffei gezogen wurden, die in Spanien in Lizenz gebaut wurden. TALGO setzte seine Innovationen fort und produzierte weitere ungewöhnliche und vielseitige Variationen seiner Reisezüge. Die spanische Eisenbahn verwendet Breitspurgleise mit einer Spurweite von 1676 mm im Gegensatz zur Normalspur von 1435 mm, die in den meisten Ländern Europas und in Nordamerika verbreitet ist. Dieser

→ Eine Elektrolok der *RENFE*-Baureihe 269 zieht einen neuen *Talgo VII* auf Breitspurgleisen südwärts in Richtung Malaga. Diese lokbespannte Neigetechnik-Variante des TALGO wurde von der *RENFE* im Jahr 2000 für den Intercity-Verkehr eingeführt. Die *RENFE* hat später mehrere weiterentwickelte TALGO-Züge eingeführt, die auf neuen, eigens für diesen Zweck gebauten normalspurigen AVE-Hochgeschwindigkeitsstrecken eingesetzt werden und Geschwindigkeiten von bis zu 365 km/Stunde erreichen können.
Brian Solomon

↙↓↓ Am 27. September 2001 fährt in Villa Canas, Spanien, eine der aus Japan stammenden Loks der *RENFE*-Baureihe 269 mit einen klassischen TALGO III aus den 1960er Jahren in Richtung Süden. Der TALGO III war die dritte Generation der TALGO-Einheiten und einer der am längsten eingesetzten Intercity-Personenzüge in Europa, bis diese Fahrzeuge 2009 in den Ruhestand gingen.
Brian Solomon

T200
269-411-5
P

Talgo
AJ

← Bei der *New Haven Railroad* war den TALGO-2-Fahrzeuge nur ein kurzes Leben beschieden. Die Aufnahme zeigt einen solchen in den Werkstätten von Van Nest in der New Yorker Bronx am 22. März 1958
Richard Jay Solomon

→↘ Ein *Amtrak*-TALGO in Portland, Oregon. 1997 und 1998 kaufte Amtrak in Seattle, Washington, hergestellte TALGO-Züge der Serie IV für seinen *Cascades*-Dienste zwischen Eugene, Oregon, Seattle, und Vancouver, British Columbia. Die großen Fiberglas-Flossen am Zugende wurden so konstruiert, dass sie einen optischen Übergang zwischen den flachen TALGO-Wagen und den größeren EMD F59PHI-Diesellloks bilden, die die Züge ziehen.
Scott Lothes

Unterschied erschwert den durchgehenden internationalen Reisezugverkehr stark; in der Regel mussten die Fahrgäste also etwa an der französisch-spanischen Grenze umsteigen. Um diesen Unterschied zu überwinden, konstruierte TALGO eine Achse mit variabler Spurweite, um seinen Zügen den Spurwechsel bei langsamer Fahrt zu ermöglichen und so den umsteigefreien Verkehr zwischen Spanien und Frankreich zu erleichtern. Dieser wurde 1969 aufgenommen. Mit der Eröffnung der spanischen Hochgeschwindigkeitsstrecke *Alta Velocidad Española* (AVE) im Jahr 1992, die im Gegensatz zum Großteil des *RENFE*-Netzes in der europäischen Normalspur gebaut wurde, fanden die TALGOs zusätzliche Einsatzstrecken. Spurwechsel-TALGOs, die für den Betrieb mit einer Geschwindigkeit von 200 km/h gebaut wurden, ermöglichen nun ein nahtloses Durchfahren von Inlands-Personenzügen sowohl auf der *AVE*- als auch über die Breitspurstrecke.

1980 wurde die TALGO-Neigetechnik eingeführt, bei der eine passive Neigetechnik zum Einsatz kommt, um das Einwirken der Zentrifugalkräfte bei hoher Geschwindigkeit in Kurven zu minimieren. 1988 konzentrierte sich TALGO erneut auf den nordamerikanischen Markt und schickte nochmals einen Neigetechnik-Vorführwagen auf Tournee dorthin.

Zwischen 1994 und 1995 importierte *Amtrak* zwölf- und vierzehnteilige TALGO TP-200-Züge für den Einsatz im Pazifischen Nordwesten und anderswo. Später kooperierten *Amtrak* und der Bundesstaat Washington beim Kauf von TALGO-Zügen der Serie VI für den *Cascades*-Regionalverkehr auf den Korridoren Eugene – Seattle und bis Vancouver, Britisch-Kolumbien. Diese 1998 gelieferten Züge zeichnen sich durch ein neuartiges Außendesign mit großen Fiberglaslamellen aus, um einen besseren optischen Übergang zwischen den von EMD gebauten F59PHi-Dieselloks und den Niederflurwagen zu ermöglichen. Der Bundesstaat Oregon kaufte 2013 zwei dreizehnteiliger TALGO-Züge der Serie 8, während die Einsatzpläne von Wisconsin für 177 km/h schnelle TALGOs der Serie 8 aufgrund lokaler politischer Probleme auf Eis gelegt werden mussten.

RISE WITH US
Amtrak
465

Hondekops und Apekops

Die niederländische Staatsbahn, *Nederlandse Spoorwegen*, bekannt unter den Initialen *NS*, begann schon früh mit der Elektrifizierung im großen Stil. Sie verwendete 1.500 Volt Gleichstrom-Fahrleitungen und führte elektrische Triebzüge für ihren Reisezugverkehr ein. Die frühen niederländischen Triebwagenbauarten hatten ein abgerundetes Frontprofil, bei dem der Triebfahrzeugführer in einem engen Abteil an der Spitze des Zuges saß, ähnlich den deutschen Schnelltriebwagen der frühen 1930er Jahre. In den 1950er Jahren führte die NS dann ein neues charakteristisches Führerstandsdesign für ihre Elektrotriebwagen ein (eng. Electric Multiple Unit - EMU), das sich an modernen stromlinienförmigen dieselelektrischen Lokomotiven orientierte, wie sie etwa von der Elektrolokomotive E-Unit definiert wurden (und später von der F-Unit übernommen wurde, wie auf den Seiten 90 bis 95 beschrieben). Dadurch erhielt der Lokführer eine erhöhte Position mit einem schützenden vorderen Nasenteil. Offiziell wurden diese Züge bei der NS als Materieel '54 bezeichnet, verkürzt auf Mat '54; mit ihrem länglichen, bauchigen Vorderteil und den großen, schrägen Fenstern, ähnelten sie jedoch dem Gesicht eines traurigen Hundes und wurden daher im Niederländischen umgangssprachlich bald als »*Hondekops*« (dt. »Hundeköpfe«) bezeichnet. Zwischen Mitte der 1950er und Anfang der 1960er Jahre baute der niederländische Hersteller Werkspoor in seinen Werkstätten in Utrecht eine Vielzahl verschiedener Varianten, darunter die Typen Plan F, G, M, P und Q. Darüber hinaus baute Werkspoor zwischen 1960 und 1963 einen dreiteiligen dieselelektrischen Triebzug mit der Bezeichnung Plan U. Während die Elektrozüge grün und cremefarben lackiert

Die mehrteiligen Triebwagen der *NS* gehörten zu den markantesten Fahrzeugen in Europa. Die vorgereckte kurze Nase der Züge des Materieel '64 bzw. als Plan T und Plan V bezeichneten Triebwagen basierte auf den 1954 eingeführten »*Hondekop*«-Triebwagen.
Brian Solomon

wurden, erhielten die Dieselzüge eine leuchtend rote Lackierung, die ihnen den Namen »*Red Devils*« (dt. Rote Teufel) einbrachte.

In den 1960er Jahren wurde ein neuer Triebzug unter der Bezeichnung »Materieel '64« entwickelt, der wesentlich leichter gebaut war, um eine schnellere Beschleunigung zu ermöglichen, und der eine Vielzahl moderner Innovationen aufwies, darunter ein verbessertes Türdesign. Das Frontdesign resultierte in einer verkürzten »Mopsnase«, und obwohl sie von vielen Bahnbediensteten immer noch als eine Variante des »*Hondekop*« angesehen werden, wurden sie auch als »*Apekops*« bezeichnet, was »Affe« oder »Affengesicht« bedeutet. Diese Triebzüge wurden in zwei Varianten angeboten: dem vierteilige Plan T und dem zweiteilige Plan V. Wie die Mat '54 wurden die Plan T- und frühen Plan V-Wagen von Werkspoor konstruiert, während der Bau der späteren Exemplare an den deutschen Zulieferer Talbot in Aachen nahe der niederländisch-deutschen Grenze vergeben wurde. Außerdem wurde eine Solo-Triebwagenvariante Plan mP als elektrischer Postzustellzug (»mP« bezieht sich auf »Motorpost«) konzipiert. Wie die Reisezugvarianten konnten diese Geschwindigkeiten bis zu 140 km/h erreichen.

Jahrzehntelang beherrschten die zweiteiligen Plan V-Elektrotriebwagen den Nahverkehr in den Niederlanden, wie hier auf einem Bild vom 22. Mai 1996 in Eindhoven. Die letzten Fahrzeuge wurden erst 2016 aus dem Verkehr genommen und eine Einheit im Eisenbahnmuseum von Utrecht ausgestellt. *Brian Solomon*

Zwei Einzelwagen vom Typ Mat '64 Plan mP bei einer Ruhepause zwischen zwei Fahrten in Den Haag im May 1996. Ende der 1990er Jahre wurden diese Triebwagen aus dem Postdienst abgezogen und teilweise noch als Arbeitsfahrzeug eingesetzt.
Brian Solomon

ptt post
ptt post
ptt post
251 A
259 A

Re 4/4 und Re 6/6

Die Schweiz weist einige der am stärksten befahrenen Bergstrecken der Welt auf. Die berühmte Gotthardstrecke wurde 1882 eröffnet und zeichnete sich durch eine hervorragend ausgebaute Bahnlinie mit einer maximalen Steigung von nur 2,7 Prozent aus, weil mehrere Spiraltunnel gebaut wurden, um diese gleichmäßige Steigung zu erhalten. Die Strecke wurde 1909 in das wachsende Netz der *Schweizerischen Bundesbahnen* (*SBB*) eingegliedert. Die hohe Verfügbarkeit von Wasserkraft in Verbindung mit einem Mangel an einheimischen fossilen Brennstoffen veranlasste die Schweizer Bahnen relativ früh zu einer weitreichenden Elektrifizierung ihres Streckennetzes.

Zu den beeindruckendsten klassischen Schweizer Elektrolokomotiven gehören die Re 6/6 der *SBB* mit ihrer relativ ungewöhnlichen Achsfolge Bo'Bo'Bo'. Diese 1972 eingeführten Lokomotiven gehörte zu einer Familie von Schweizer Elektrolokomotiven mit hoher Leistung und großem Traktionsvermögen, die sich dadurch auszeichneten, dass sie bei einer Achslast von 22 Tonnen ihr gesamtes Gewicht auf die Antriebsräder verlagern. Diese Loks besitzen einen geschweißten Lokkasten, um das Gewicht zu reduzieren im Gegensatz zu den frühen Schweizer Elektrolokomotiven, die sich durch schwere Aufbauten und komplexe Anordnungen von angetriebenen und nicht angetriebenen Achsen auszeichneten, die man zur gleichmäßigen Verteilung des Lokomotivgewichts benötigte.

Die erste dieser früheren Konstruktionen war die elektrische Baureihe Ae 4/4 der *Bern-Lötschberg-Simplon-Bahn* (*BLS*) aus dem Jahr 1944. Diese verfügte über eine Achsfolge Bo'Bo' und nutzte ebenso wie die SBB Einphasen-Wechselstrom. Direkte Vorläuferin der Re 6/6 der *SBB* war die Ae 6/6 von 1952, die auf zwei Drehgestellen mit der Achsfolge Co'Co' fuhr. Auf die Ae 6/6 folgte 1964 die ähnlich konstruierte vierachsige Re 4/4, die später zur zahlenmäßig am stärksten vertretenen elektrischen Baureihe der Schweiz werden sollte und die für die unterschiedlichsten Verkehrs- und Betriebsbedingungen konzipiert worden waren. Die Re 6/6 war eigentlich für den Einsatz im Gebirge auf der Gotthard- und Simplonmagistrale vorgesehen, sollte aber dennoch vielseitig einsetzbar sein. Ihre Leistung ermöglichte es einer einzelnen Re 6/6, einen 882 t schweren Güterzug (Normallast 800 t) mit einer Geschwindigkeit von 80 km/h über den Gotthardpass zu befördern. Die höheren Zuggewichte veranlassten die *SBB*, oft Doppeltraktionen aus je einer Re 4/4 und einer Re 6/6 zu bilden, um das notwendige Leistungsgewicht zu erreichen, damit die Züge mit der gewünschten Geschwindigkeit über die Strecke fahren konnten. Diese Kombinationen wurde betriebsintern auch als Re 10/10 bezeichnet und waren bis 2016 im Güterverkehr am Gotthardpass üblich. Danach wurde der neue 57 km lange Gotthard-Basistunnel eröffnet, so dass nun die meisten Güterzüge nicht mehr den steilsten Teil der Strecke durch den historischen Tunnel befahren müssen.

→ Neun Loks der *SBB*-Baureihe Re 4/4 trugen den weinrot-cremefarbenen Anstrich des *Trans Europ Express*. Dazu gehörte auch die 112552, die hier vor einem Intercity-Zug der *SBB* im Jahr 1988 zu sehen ist.
Denis McCabe

↘ Der Bahnhof Wassen am Gotthardpass befindet sich kurz vor dem Tunnelmund. Wenige Monate, bevor der neue 57 Kilometer lange Gotthard-Basistunnel eröffnet wurde, wird im April 2016 ein talwärts fahrender Güterzug von einer RE 6/6 und einer Re 4/4 angeführt.
Brian Solomon

← Detailaufnahme von der Re 4/4 mit der *SBB-Nummer* 11200, die mit erhabenen rostfreien Stahlziffern an der Lok über dem Fabrikschild angebracht ist, welches die Vielzahl der an der Herstellung beteiligten Firmen auflistet.
Brian Solomon

SBB
CFF

620 065-3
cargo
cargo

← Eine Kombination aus Re 6/6 und Re 4/4 - intern auch als Re 10/10 bezeichnet - erklimmt die Steigung des Gotthardpasses beim Dorf Wassen, durch das sich die Strecke auf drei Ebenen schlängelt.
Brian Solomon

↙ Ein bergabwärts fahrender Güterzug auf der nördlichen Seite des Gotthardpasses.
Brian Solomon

↗ Zu den berühmtesten Orten entlang der Gotthard-Passstrecke gehört der Biaschina-Kehrtunnel auf der südlichen Steigungsstrecke im Tessin.
Brian Solomon

↘ Kurz vor dem alten Gotthard-Tunnel passiert ein Güterzug eine Brücke bei Wassen.
Brian Solomon

WETRON
WETRON
WETRON

General Motors B121

In den 1950er Jahren hatte die Electro-Motive Division von General Motors den nordamerikanischen Markt praktisch schon gesättigt und begann daher, mit ausländischen Herstellern zusammenzuarbeiten und ihnen Lizenzen für ihre Konstruktionen zu erteilen sowie wichtige mechanische und elektrische Komponenten zuzuliefern. 1947 wandte sich Irlands staatliches Transportunternehmen *Córas Iompair Éireann* (*CIÉ*) an General Motors, um eine Diesellok zu entwickeln. Über zwölf Jahre wurde verhandelt, bis Irland schließlich fünfzehn GM-Dieselloks des Modells GL8 kaufte, die zu den ersten Exporterfolgen von EMD zählen. Gebaut wurden die Loks in der EMD-Fabrik La Grange im US-Bundesstaat Illinois. Damit etablierte sich EMD für die nächsten drei Jahrzehnte als Irlands Lok-Lieferant.

Bei dem Exportmodell GL8 handelte es sich um eine 875 PS starke Streckendiesellok mit einem Endführerhaus, die 1958 von einem früheren G8-Exportmodell abgeleitet wurde, das seinerseits eine Adaption des einheimischen Modells SW8 war. Die ersten GL8 wurden noch mit Drehgestellen vom Typ A1A (dreiachsige Drehgestelle mit einer nicht angetriebenen Mittelachse zur Gewichtsverteilung für geringere Achslasten) für den Einsatz in Taiwan gebaut. Bei der Standard-GL8-Anordnung, wie sie von der *CIÉ* gekauft wurde, wurde jedoch ein Paar leichter zweiachsiger Antriebsdrehgestelle verwendet. Der Großteil der elektrischen Ausrüstung bestand aus GM-Standardkomponenten, einschließlich Bauteilen wie etwa Scheinwerfern. Um dem niedrigen irischen Lichtraumprofil zu entsprechen, waren vergleichsweise gedrungene Lokführerstände erforderlich.

Irlands erste GM-Dieselfahrzeuge wurden dort offiziell als Klasse B121 geführt, betriebsintern aber meist als »*Yankees*« bezeichnet, was sie vor allem als Amerikaner vom Rest der weitgehend in Großbritannien gebauten Dieselflotte unterscheiden sollte. Obwohl die B121 für den Zweirichtungsbetrieb vorgesehen waren, führte ein tragischer Unfall während der ersten Probefahrten in Irland dazu, dass die *CIÉ* die Loks normalerweise mit dem Führerstand voraus fahren ließ und Einsätze mit dem Vorbau voraus stark einschränkte. Da der größte Teil des Netzes noch mit Drehscheiben zum Wenden von Dampflokomotiven ausgestattet war, erwies sich dies betrieblich zunächst noch als unproblematisch. Spätere Aufträge für GM-Diesellokomotiven wurden dann mit Führerständen auf beiden Sei-

→ Obwohl ursprünglich als Baureihe B121 bezeichnet, wurde das »B« in der Reihenbezeichnung später fallen gelassen und diese Lok einfach nur noch als 121er klassifiziert. Im Juni 2000 waren drei der 15 Loks der Baureihe 121 von *Irish Rail* auf dem Güterbahnhof Dublin North Wall versammelt. Die 121er, die ohne Mehrfachsteuerung bestellt worden waren, wurden später vom Inchicore-Betriebswerk in Dublin für Mehrfachtraktion ausgerüstet.
Brian Solomon

↙ Am 13. Januar 2003 führen zwei Loks der Baureihe 121 einen leeren Zementzug zur Beladung im Zementwerk von Mungret im County Limerick. In den letzten Betriebsjahren setzte *Irish Rail* die 121er meist im Güterverkehr ein.
Brian Solomon

ten gebaut. In den 1970er Jahren rüstete die *CIÉ* die B121 für Mehrfachtraktion um, was auch den gemeinsamen Betrieb mit anderen GM-Typen ermöglichte. Danach bestand nur noch selten die Notwendigkeit, die Maschinen an den Endbahnhöfen zu wenden.

Die B121 war für Güter- und Personenzüge auf Hauptstrecken mit Geschwindigkeiten bis zu 70 Meilen pro Stunde (112,7 km/h) ausgelegt. Die letzten beiden Lokomotiven dieser Baureihe wurden 2008 aus dem Verkehr gezogen und konserviert, wobei Lok 134 von der *Railway Preservation Society of Ireland* für Sonderfahrten auf Hauptstrecken restauriert wird. Mittlerweile erhielt die Lok bei den *Inchicore railway works* in Dublin ihren Originalanstrich, mit dem sie im Mai 2022 erstmals der Öffentlichkeit präsentiert wurde.

Im Juli 1998 lehnt sich ein Lokführer aus dem Führerstandsfenster von Lok 123, um im irischen Dromod vom Fahrdienstleiter den Signalstab aufzunehmen. Die Stabsicherung ist ein einfaches Sicherungssystem, die einem Zug einen Streckenabschnitt zuweist, weil sich ohne Stab keine anderen Züge dort bewegen dürfen. An diesem Tag war eine Doppeltraktion der Baureihe 121 mit einem Holzzug von Sligo in Richtung Dublin unterwegs.
Brian Solomon

123

Dv12 mit Dieselhydraulik

Die Ursprünge des finnischen Eisenbahnnetzes gehen auf die Zeit zurück, als das Land noch unter der Herrschaft des zaristischen Russlands stand. Daher werden in Finnland Breitspurgleise ähnlich denen in Russland verwendet. Die Finnische Staatsbahn (*VR-Group*) ist die nationale Bahngesellschaft. Historisch gesehen war die am weitesten verbreitete Diesellokomotive der *VR* die dieselhydraulische Dv12, eine Type, die in etwa der GP9 in Nordamerika entspricht. Es handelte sich um eine vielseitige, ausgereifte Maschine, die nahezu jede Betriebsanforderung erfüllte.

Die Baureihe Dv12 wurde ungewöhnlich lange ab 1964 über zwei Jahrzehnte produziert und war ursprünglich als Klasse Sv12 bekannt, bis die *VR* ihre Baureihenbezeichnungen 1976 änderte. Interessanterweise teilten sich zwei finnische Hersteller die Produktion auf. Einige Maschinen wurden von Lokomo und andere von Valmet gebaut. Es gibt drei Varianten, mit geringfügigen Unterschieden zwischen ihnen. Jede ist nach ihrer Nummernserie gruppiert: 2501–2568, 2601–2664 und die letztgebaute Serie 2701–2760. Alle Loks der Baureihe Dv12 wurden ursprünglich von einem Sechzehnzylinder-Dieselmotor von Tampella angetrieben – einer französischen Konstruktion, die unter Lizenz in Finnland gefertigt wurde.

Zu ihren ungewöhnlichen Merkmalen, die ihnen zusätzliche Vielseitigkeit verliehen, gehörte die Möglichkeit leicht zwischen zwei Getriebeübersetzungen wechseln zu können, wodurch sie sowohl im Güter- als auch im Personenverkehr eingesetzt werden konnten. Darüber hinaus wurden sie von der *VR* routinemäßig im Rangierdienst eingesetzt, während sie auf den Strecken meist in Zweier- oder Dreiertraktion unterwegs waren. Trotz ihres Alters blieben mehr als 100 Maschinen der Baureihe bis 2015 aktiv. Allerdings ist ihre Zahl in den letzten Jahren zurückgegangen, vor allem weil die *VR* die Elektrifizierung auf vielen Hauptstrecken vorangetrieben hat. Die klassische rot-cremefarbene Lackierung der Dv12 ist der modernen Lackierung der *VR* gewichen, wobei viele Lokomotiven während der Übergangszeit oft mit einer eher bunt-gescheckten Lackierung im Einsatz waren.

↙ Für viele Jahre endete in Oulu der Fahrdraht, so dass viele Züge dort von Elektroloks auf Dieselloks umgespannt werden mussten. An einem Sommerabend im Jahr 2001 begibt sich Lok 2627 des Typs Dv12 zur Drehscheibe, um sich umdrehen zu lassen. Rechter Hand ist vor dem Ringlokschuppen eine diesel-elektrische Lok des Typs Dr16 zu erkennen.
Brian Solomon

→ Lok 2617 (Typ Dv12) erreicht Oulu mit einem kurzen Güterzug. Diese vielseitigen Loks wurden sowohl im Reise- als auch Güterzugdienst eingesetzt.
Brian Solomon

17
2617

26 24

← Eine Draufsicht auf eine Dv12 (Nummer 2624) im klassischen Lack der *VR*. Dies waren Zweirichtungsloks mit einem Führerstand in der Anordnung für Rangierloks.
Brian Solomon

→ Das Fabrikschild von Lok 2648 ist gut sichtbar angebracht.
Brian Solomon

↓ In den letzten Jahren hat die *VR* ihre noch vorhandenen Loks des Typs Dv12 in ihr aktuelles Farbdesign Hellgrau und Grün umlackieren lassen, wodurch sie sich stark von ihrem Erscheinungsbild in den ersten fünf Jahrzehnten unterscheiden.
Brian Solomon

Serie 0

Die originale *Shinkansen*-Route war die 552 Kilometer lange Neubaustrecke der New Tokaido Line, die 1964 eröffnet wurde, um den Eisenbahnverkehr auf Japans am höchsten belasteter Bahnverbindung zwischen den beiden größten Städten Tokio und Osaka grundlegend auszubauen. Die Planungen dafür hatten schon in den 1950er Jahren begonnen und das Debüt des *Shinkansen* fiel 1964 mit den Olympischen Spielen in Tokio zusammen. Dadurch wurden Japans außergewöhnlichen Leistungen auch für die ganze Welt sichtbar.

Das Wort »*Shinkansen*« bedeutet eigentlich nur »Neue Hauptstrecke«. Diese ist im Gegensatz zu den meisten Eisenbahnstrecken in Japan auch in Normalspur (1435 mm) und nicht in der sonst bei den Eisenbahnen des Landes typischen Schmalspur ausgeführt worden. Diese Festlegung war der besseren Laufruhe bei hohen Geschwindigkeiten und Zügen mit größerem Fassungsvermögen geschuldet.

Die neue Tokaido-Linie wurde zwar mehr oder weniger parallel zur alten Tokaido-Strecke gebaut, erhielt aber durchgehend eine neue Trassenführung, so dass auch die Reisezeit durch begradigte Kurven, den Verzicht auf Bahnübergänge und die Höchstgeschwindigkeit von 200 km/h deutlich kürzer wurde. Die neue Strecke führt von Tokio in südwestlicher Richtung zunächst an Japans ikonischem Vulkan, dem Fujiyama, vorbei und bedient mehrere Zwischenhalte, darunter auch die frühere Hauptstadt Kobe.

Der *Shinkansen*-Betrieb wurde mit den berühmten, weiß-blau lackierten Hochgeschwindigkeits-Triebzügen der Baureihe 0 aufgenommen, deren Gestaltung der Front äußerlich einer Pistolenpatrone gleicht (engl. bullet-nose). Trotz ihres schlanken äußeren Erscheinungsbildes stellen diese fest zusammengekuppelten Einheiten aber weniger eine technologische Revolution dar, sondern basieren im Wesentlichen vor allem auf einer deutlich verbesserten konventionellen Technik, die man genauso in den elektrischen Triebzügen auf den Vorortbahnen in den USA findet. Wohl nicht ganz zufällig war der Chefingenieur der Japanischen Staatsbahn vor dem Zweiten Weltkrieg als Lehrling bei der *New Haven Railroad* angestellt. Technisch gesehen sind die Triebzüge der Serie 0 nahezu

↙ Im Bahnhof von Nishi-Akashi, Japan, wird ein an allen Stationen haltender *Kodama*-Zug aus dem alten Zugmaterial der Serie 0 von einem der neueren und schnelleren Züge der Serie 100 überholt, der als Express die Station ohne Halt durchfährt. Heute sind noch schnellere und schlankere Züge als diese »Antiquitäten« der 1960er und 1970er Jahre auf den *Shinkansen*-Strecken unterwegs.
Brian Solomon

→ Ein »Bullet Train« der Serie 0 im Einsatz als *Kodama* in Richtung Tokio fahrend verschwindet im Tunnel bei Kobe, Japan. Neure und schnellere Fahrzeuge haben längst den Dienst auf den *Shinkansen*-Linien übernommen.
Brian Solomon

Cousins der eulen-äugigen Triebwagenbaureihe MP54 der *Pennsylvania Railroad*, die im Vorortverkehr von New York und Philadelphia eingesetzt wurden. Um allerdings mit solchen Zügen auch die Höchstgeschwindigkeit von 217 km/h erreichen zu können, basiert die Konstruktion der Serie 0 auf einem außergewöhnlich hohen Verhältnis von Antriebskraft zum Zuggewicht und dem aerodynamischen Design. Der *Shinkansen* und seine »Bullet-Trains« (dt. etwa »Patronen-Züge«) waren sofort erfolgreich und beförderten in den ersten drei Betriebsjahren schon mehr als 100 Millionen Fahrgäste. Und so waren Verlängerungen des *Shinkansen*-Netzes und Zweigstrecken nur eine Frage der Zeit.

Die Züge der Serie 0 wurden über 23 Jahre lang hergestellt, so dass insgesamt mehr als 3.200 Einzelwagen in Zugeinheiten von 12 oder 16 Wagen gefertigt wurden. Mit zunehmenden Alter wurden die Zug-Ikonen dann auf weniger prestigeträchtige Dienste verlegt, wenn neuere und technisch weiterentwickelte Zuggenerationen für den Hochgeschwindigkeitsverkehr in Betrieb genommen wurden. Die Privatisierung der *Japan National Railways* (*JNR*) im Jahre 1987 teilte auch die Betriebsorganisation der *Shinkansen*-Züge auf drei verschiedene Bahngesellschaften auf und forcierte so die Entwicklung ganz neuer Zugkonzepte. So kamen neue Technologien und futuristische Stromlinienformen zur Anwendung, die inzwischen Hochgeschwindigkeiten von gut 320 km/h erlauben und gleichzeitig das Windgeräusch minimieren. Aktuell bilden die Serien E3 und E5 mit ihren unglaublich langen spitzen Nasen den Hauptteil des Fuhrparsk des *Shinkansen*.

← Ein japanischer Klassiker: Ein Museumszug der Serie 0 gleitet aus dem Bahnhof von Kobe.
Brian Solomon

↙ Innenansicht der Ersten Klasse eines *Shinkansen*-Zuges der Serie 100.
Brian Solomon

↗ Ein *Shinkansen*-Zug der Serie 700 trifft in der Nähe von Tokio auf einen Zug der Serie 500, der zur JR West gehört. Die Serie 700 wurde 1999 eingeführt.
Brian Solomon

↘ Ein Zug der Serie 500 der *JR West* als *Naomi Express* spiegelt sich in den Abendlichtern von Tokio. Die jüngeren Züge der *Shinkansen*-Flotte zeichnen sich durch immer windschnittigere Formen aus, die helfen sollen die Lärmbelastung durch die Züge auf akzeptablen Werten zu halten.
Brian Solomon

JR500
WEST JAPAN

Baureihe M62

Die auf Massenproduktion ausgerichtete Konstruktion der diesel-elektrischen Baureihe M62 wurde in der Sowjetunion Mitte der 1960er Jahre auf der Grundlage früherer Diesellokkonstruktionen entworfen, zu denen auch aus den USA importierte Streckenrangierloks zählten, die Mitte der 1940er Jahre gebaut worden waren. Die 2000 PS starke M62 wurden von den Luganser Oktober-Revolutions-Werken gebaut und wurde von einem 12-Zylinder Kolomna-Zweitakt-Dieselmotor angetrieben, der ursprünglich für die Marine entwickelt worden war. Die Loks waren routinemäßig vor Güter- und Reisezügen im Einsatz. Mehr als 3.000 Exemplare dieses Typs mit Führerständen an beiden Enden wurden zwischen 1965 und 1980 gebaut, wobei auch viele in die europäischen Satellitenstaaten der UdSSR exportiert wurden. Ungarn erhielt als erstes Land diese Maschinen, wo man sie oft in Anspielung auf ihre russische Heimat auch als »Sergeis« bezeichnete. Die Loks des Typs M62 konnte man überall in Osteuropa finden, wie etwa in Polen, der Tschechoslowakei, der DDR und in den Sowjetrepuliken. Einige Exemplare wurden sogar nach Kuba und Nordkorea exportiert.

Ab 1976 wurde unter der Bezeichnung 2M62 eine modifizierte Version aus zwei semipermanent gekuppelten Loks eingeführt. Daraus wurde später das Nachfolgemodell 2M62U entwickelt, während man in Russland und Kasachstan sogar dreiteilige Traktionen einsetzte, bei denen die mittlere Maschine keinen Führerstand aufwies. Nach dem Ende der Sowjetunion kamen die Loks der Baureihe M62 zu den Nachfolge-Bahngesellschaften in den früheren Sowjetrepubliken. Einige wenige M62 wurden noch mit MTU- oder Caterpillar-Dieselmotoren ausgerüstet, während eine private Güterverkehrsgesellschaft einige M62er mit den Dieselmotoren 645F von EMD neu motorisierten. Der Prototyp M62-1 wird heute in St. Petersburg museal erhalten.

Eine 2M62-Traktion zieht im Juli 2002 einen Containerzug durch Tapa, Estland. Diese Doppelloks sind im Wesentlichen zwei Rücken an Rücken gekuppelte M62-Maschinen mit nur je einem Führerstand. *Brian Solomon*

← Mitte der 2000er Jahre remotorisierte Rail World's *Rail Polska* die sowjetischen M62er mit Dieselmotoren von EMD, um sie für die weiteren Güterzugsdienst zu ertüchtigen. *Brian Solomon*

↙Diese neue lackierte Lok der Baureihe 700 der nordkoreanischen Staatsbahn ist eine Exportversion der M62. Lok 705 zieht hier einen Güterzug auf der Hauptstrecke von Wonsan nach Pjöngjang. *Stephen Hirsch*

Baureihe Rc

Nach dem Zweiten Weltkrieg beschleunigte Schweden als Pionier des elektrischen Zugbetriebs seine Investitionen in die Elektrifizierung und die Weiterentwicklung der Lokomotivtechnologie. In den 1960er Jahren entwickelte die schwedische Svenska Elektrik Atiebolag (ASEA) die Baureihe Rc für den Zweisystembetrieb. Die ersten Rcs wurden bei der *Statens Järnvägar* (dt. Schwedische Staatsbahn) im Jahr 1967 eingeführt. Als Besonderheit wurden in diesen Loks erstmals Thyristoren zur Motorsteuerung einer Lokomotive eingesetzt. Thyristoren sind Hochspannungs-Halbleiter, die anstelle der traditionellen elektro-mechanischen oder pneumatischen Motorsteuerungen eingesetzt wurden. Mit diesen konnte eine stufenlose Motorsteuerung umgesetzt werden, die eine maximale Ausnutzung der Motorleistung erlaubt, während sie gleichzeitig den Schlupf der Räder so kontrollierte, dass die Traktion besonders hoch ist. Im Endergebnis brachte diese Technik somit eine größere Effizienz und eine wesentlich höhere Zugkraft. Die schwedischen Rc-Maschinen umfassten die Baureihen Rc-1 bis Rc-6, sowie eine schwere Güterzuglok mit einer Übersetzung für niedrigere Geschwindigkeiten, die als Baureihe Rm bezeichnet wurde. Eine weitere Variante war die Rc-7, eine kurzlebige Version einer Rc-6 mit einer geänderten Übersetzung. Mehr als ein halbes Dutzend Länder interessierte sich schließlich für die Baureihe Rc und so wurden Maschinen dieses Typs in den 1970er und 1980er Jahren auch nach Bulgarien, Iran, Kroatien, Norwegen, Österreich, Rumänien und Serbien verkauft.

In den 1970er Jahren war auch die amerikanische *Amtrak* in der Situation, dass sie ihre überalterte Flotte der früheren (*Pennsylvania Railroad*) Baureihe GG1 ersetzen musste und zugleich mit der von General Electric gebauten Loks der E60C im Hochgeschwindigkeitsbetrieb sehr unzufrieden war. Daher importierte sie aus Schweden und Frankreich Elektroloks für Vergleichstests. Dabei erwies sich der ASEA-Typ Rc-4 als am besten geeignet für den Einsatz auf dem elektrifizierten Northeast-Corridor. Die Loks wurden als Lizenzbauten von EMD im Werk La Grange, Illinois, gefertigt. Sie sahen dem schwedischen Prototyp zwar ähnlich, erhielten allerdings wesentlich robustere Gehäuseaufbauten, weil dafür die schärferen US-Sicherheitsbestimmungen zur Anwendung kamen. Auch waren diese Loks wesentlich stär-

↙Die Nahverkehrszüge auf der Malmbanan von Kiruna bis zur norwegischen Grenze nördlich des Polarkreises wurden von *Tågkompaniet* betrieben. Sie verbinden die Erzminen in Nordschweden mit dem Hafen im norwegischen Narvik. Abgebildet ist eine Rc-6 an der Spitze eines südwärts fahrenden Zuges am See Torne Trask. *Brian Solomon*

↑ Am 1. August 1986 rast eine Lok der *Amtrak*-Baureihe AEM-7 auf dem Northeastern-Corridor durch Linden, New Jersey, an der Spitze eines *Locker* nach Philadelphia. *Brian Solomon*

← Lok 2308 gehört zu acht im Jahr 1987 an die *SEPTA* gelieferten Loks des Typs AEM-7, die in Philadelphia stationiert wurden. Die Abbildung zeigt die auf ihren nächsten Einsatz wartende Maschine in West Trenton, New Jersey. *Brian Solomon*

ker motorisiert, um höhere Geschwindigkeiten zu erreichen. Anfangs orderte *Amtrak* 47 Maschinen dieses Typs, bestellte jedoch später weitere Exemplare nach. Außerdem kauften auch *NJ Transit* und *SEPTA* Loks des Typs AEM-7 und davon abgeleiteten Varianten. In den letzen Betriebsjahren modernisierte *Amtrak* ihre Loks des Typs AEM-7 noch einmal mit einem Drehstrom-Antrieb und bezeichnete die Baureihe danach als AEM-7 ACs. Als die neuen Siemensloks des Typs ACS-64 dann Anfang 2014 ihre Dienst aufnahmen, begann *Amtrak* mit der Abstellung der AEM-7-Flotte und *SEPTA* folgte im Jahr 2019 mit der Abstellung der AEM-7 und einer ALP44, die von der AEM-7 abgeleitet worden war.

SJ
1329
1329

Lok 1329 der SJ-Baureihe Rc-6 steht abfahrbereit in Lullen mit einem Nachtzug nach Stockholm. Da es im Juli in Schweden nachts nicht dunkel wird, müssen die Passagiere die Rollos herunterziehen, wenn sie auf der Fahrt etwas Schlaf bekommen wollen.
Brian Solomon

Baureihe 103

Die Baureihe 103 der Deutschen Bundesbahn (*DB*) war durch ihre äußere Gestaltung eine der am leichtesten zu erkennenden Baureihen in Europa. Als die DB sich in den 1960er Jahren der Weiterentwicklung des Schnellverkehrs zuwandte, wurde anstelle leichter Dieseltriebzüge von der Bauart des *Fliegenden Hamburgers* (s. Seite 76) der lokbespannte Zugverkehr favorisiert. Dafür entstanden 1965 zunächst vier Prototypen unter der Bezeichnung E 03 für eine Höchstgeschwindigkeit von 200 Stundenkilometer, die ein sehr hohes Beschleunigungsvermögen besaßen. Die Form des Lokkastens wurde mit Windkanalversuchen ermittelt und schließlich als fünfteiliges Stromlinien-Gehäuse konstruiert, das auf zwei dreiachsigen Drehgestellen der Bauart Co'Co' ruhte. Dies stellte in Europa ein Novum im Hochgeschwindigkeitsverkehr dar, erlaubte aber die Nutzung von kleineren Antriebsmotoren und eine bessere Verteilung des Gewichts. Im Zeitraum von 1970 bis 1974 entstanden insgesamt 145 Serienmaschinen. Die meisten Loks der Baureihe 103 konnten eine Dauerleistung von 8.000 PS auf die Schiene

Die restaurierte 103 235-8 bringt im Rahmen der Feierlichkeiten zum Jubiläum »175 Jahre Deutsche Eisenbahn« im Jahr 2010 bei Föhren eine *Rheingold*-Zuggarnitur von Koblenz nach Trier. *Brian Solomon*

bringen und kurzzeitig auch 12.000 PS leisten. Dies war notwendig, um die für die vorgesehenen Schnellverkehre mit vielen Zwischenhalten geforderte hohe Beschleunigung zu erreichen.

In ihrer klassischen Form waren die 103er in dem attraktiven Farbschema der Luxuszüge des *Trans Europ Express* (TEE) gehalten. Die Baureihe 103 blieb für drei Jahrzehnte Deutschlands wichtigste Lok für den Fernreiseverkehr, bis sie Anfang der 1990er Jahre nach der Wiedervereinigung von den superschnellen *Intercity Express-Zügen (ICE)* und der modernen Lokbaureihe 101 abgelöst wurde. Im Jahr 1998 kam die 103 noch einmal zu kurzen Ehren, als nach dem tragischen Unfall mit einem *ICE* die neueren Züge dieser Bauart vorübergehend außer Betrieb genommen wurden. Im Jahr 2001 waren dann aber die meisten Loks der Baureihe 103 abgestellt. Ein gutes Dutzend dieser eleganten Maschinen hat in historischer Farbgebung überlebt und einige werden regelmäßig vor Sonderzügen eingesetzt.

DB
103 236-6

← An einem warmen Abend im Mai des Jahres 1996 durchfährt Lok 103 236-6 in ihrem traditionellen Farbkleid in Rot-Creme das Rheintal bei Namedy.
Brian Solomon

↗ Obwohl sie längst von anderen modernen Lokbaureihen und den *ICE*-Triebzügen abgelöst wurde, haben mehrere Loks der Baureihe 103 überlebt und werden gelegentlich vor Zügen der *Deutschen Bahn* eingesetzt. Im Mai 2011 wurde 103 245-7 im Münchner Hauptbahnhof aufgenommen.
Brian Solomon

→ Im August 1998 rast eine 103 im spartanischen roten Farbkleid mit lichtgrauem Lätzchen mit einem *Intercity*-Zug durch die Vororte von Bonn nordwärts.
Brian Solomon

Baureihe ET22

Nach dem Zweiten Weltkrieg begannen die Polnischen Staatsbahnen *PKP* mit der Elektrifizierung ihrer Hauptstrecken mit 3.000 Volt Gleichstrom, um sich die im Land reichlich vorhandene Steinkohle zunutze zu machen. Als das Elektrifizierungsprogramm in den 1970er Jahren forciert wurde, gehörte die Baureihe ET22 zu den Standardloks der *PKP*. Der Lokkasten dieser Lok ruhte auf zwei dreiachsigen Antriebsgestellen, die von der Pafawag unter Verwendung von Dolmel-Elektroantrieben gefertigt wurden. Das Gehäuse mit zwei Fahrständen weist halb-stromlinienförmige Elemente auf. Sechs Motoren mit Serienwicklung – einer pro Achse – bringen zusammen 4.020 PS Zugkraft auf die Schiene. Obwohl die Baureihe ET22 eigentlich vorwiegend als Güterzuglok gedacht war, wurden ET22er oft auch vor Reisezügen eingesetzt, etwa wenn es galt, lange Schlafwagenzüge aus Polen in die wichtigsten Städte der früheren Ostblock-Staaten und Russland bzw. die Ukraine zu befördern.

Die Hauptstrecken der *PKP* sind trotz eines guten Ausbaustandards nur für mittlere Höchstgeschwindigkeiten ausgelegt, so dass dort Güterzüge und Reisezüge mit etwa der gleichen Geschwindigkeit unterwegs sind. Zu den hauptsächlichen Aufgaben der Baureihe ET22 gehört daher die Beförderung von schweren Kohlezügen und anderen langen Güterzügen. Seit 1969 wurden fast 1.200 Exemplare dieser Loktype gebaut, so dass es sich bei der ET22 um eine der größten einheitlichen Lokflotten in Europa handelt, die zahlenmäßig jede nordamerikanische Baureihe weit übertrifft. Neben den für die *PKP* gebauten Loks wurden auch noch 23 Maschinen in einem abweichenden Design für den Export nach Marokko gefertigt (Bezeichnung E-1000). Bei der *PKP* wurden die Loks in einem Farbschema mit zwei verschiedenen Grüntönen und einer gelben Front lackiert, auf der zwei große Scheinwerfer prangen.

↙ Als eine der Standard-Güterzugloks der *PKP* hat die Baureihe ET22 oft Kohlezüge befördert, wie diesen, mit dem Lok ET22-387 kurz vor Jawarzyna fotografiert wurde.
Brian Solomon

→ Eine ET22 passiert im Mai 2000 auf ihrer Fahrt westwärts ein Formsignal deutscher Bauart bei Gniezno.
Brian Solomon

E 5
ET22-331
T-3

Electro-Motive DASH 2

Anfang der 1970er Jahre dominierte der amerikanische Diesellok-Hersteller General Motors mit seiner Electro-Motive Division den nordamerikanischen Markt. Trotz seiner marktbeherrschenden Stellung, setzte das Unternehmen seine Innovationen fort und nahm auch weiterhin Verbesserungen an seinen bereits sehr guten Loktypen vor. Bis dahin hatte man solche Weiterentwicklungen einzelner Loktypen immer mit einer neuen Modellbezeichnung gekennzeichnet. Doch im Jahr 1972 führte das Unternehmen seine elektrischen und mechanischen Neuerungen quer über alle Typen ein. Um nun eine Verwirrung zu vermeiden, verwendete man dieses Mal die ursprünglichen Modellbezeichnungen weiter und ergänzte jede Nummer um die Bezeichnung »-2« (englisch ausgesprochen »Dash two«). Die einzelnen Typen behielten nun wegen weitgehend identischer Konfigurationen und Leistungsmerkmale die gleiche Hauptbezeichnung wie die vorhergegangenen Modelle, die durch diese nun ersetzt wurden.

Die »Dash 2« Modelle repräsentierten dennoch einen sehr hohen Leistungsstand beim Bau dieselelektrischer Lokomotiven und sie setzten neue Standards für ausgezeichnete Leistung und höchste Zuverlässigkeit; sie zählten zu den am meisten verkauften Diesellokmodellen des 20. Jahrhunderts. Zu den neuen »Dash 2« Modellen gehörte etwa die GP38-2 (lies beispielsweise: »GP thirty-eight Dash 2«) mit 2.000 PS und die vierachsige GP40-2 mit vier angetrieben Achsen sowie die von sechs Motoren angetrieben SD40-2. Bis heute sind viele davon im aktiven Einsatz, ebenso erzielen von dritter Seite runderneuerte Loks dieser Baureihen auf dem Gebrauchtmarkt hohe Preise.

GM adaptierte die Ausstattung der für den Güterverkehr ausgelegten GP40-2 in eine Variante unter der Bezeichnung F40PH für den Reisezugdienst. Diese wurde durch eine Verkleidung in voller Breite geschützt und bot zunächst am Kopfende einen Antrieb durch den Dieselmotor 645. 1976 war *Amtrak* der erste Kunde und erwarb schließlich mehr als zweihundert Maschinen; sie sollten fast zwei Jahrzehnte lang das Erscheinungsbild der *Amtrak*- Reisezüge prägen. Die F40PH beförderte Züge auf deren gesamten Netz, vom Northeast Corridor-Express-Zug im nicht elektrifizierten Streckenabschnitt zwischen New Haven, Connecticut und Boston bis hin zu deren beliebten Fernverkehrszügen, darunter der *California Zephyr* von

Ein Quartett von SD40-2ern der *Burlington Northern* röhren auf der früheren *Great Northern Line* den Marias Pass in Montana hinauf. Dieses Lokmodell von EMD stellte eine Spitzenleistung in Sachen Zuverlässigkeit und Haltbarkeit dar. Auch mehr als 45 Jahre nach deren erster Auslieferung sind noch viele Maschinen dieses Typs bei amerikanischen Bahnen im Einsatz. *Brian Solomon*

↑ Die *Santa Fe* war eine von mehrere Bahngesellschaften, die die 3.600 PS starken SD45-2 kaufte, die trotz ihrer höheren Zuverlässigkeit nicht die Popularität des Vorgängermodells SD45 erreichte, die zwischen 1966 und 1971 gebaut worden waren. Die Aufnahme zeigt einen westwärts fahrenden Piggyback-Zug beim Durchqueren der Mojave Wüste in Edwards, Kalifornien. *Brian Solomon*

↖ Im Juli 2010 zieht eine Doppelktaktion von D40-2 der *Wisconsin & Southern* einen Güterzug bei Merrimac über den Wisconsin River. *Brian Solomon*

Chicago nach Oakland und der *Empire Builder* von Chicago nach Seattle.

Die lokalen Verkehrsbehörden folgten dem Beispiel von Amtrak, wobei die in Boston ansässige *Massachusetts Bay Transportation Authority* zu den ersten gehörte, die neue F40PHs kaufte, um ihre veralteten Diesel-Pendelzüge der Nachkriegszeit zu ersetzen. Zu den Bauvarianten des Typs F40PH zählen die F40PH-2 und die F40PHM-2 (mit einem ungewöhnlichen, vorne bündig eingelassenen Führerstand, wie sie nur von Chicagos *Metra* bestellt wurde). Obwohl *Amtrak* den größten Teil seiner F40PH-Flotte ausmusterte, als sie neue von GM gebaute Zugmaschinen des Typs *Genesis* erwarb, überleben viele dieser Maschinen noch im Nahverkehr, insbesondere bei der *Metra* in Chicago und dem *Cal-Train* in San Francisco, Kalifornien, sowie auf den Fernverkehrsstrecken von *VIA Rail* in Kanada.

← Die *Massachusetts Central* ist eine knapp 42 Kilometer lange Short Line (dt. etwa Anschlussbahn, kleine Güterbahngesellschaft – »klein« meint hier: im Vergleich zu den »großen« US-Bahngesellschaften). Die Gesellschaft führt ihren Betrieb mit zwei 2000 PS starken Loks des Typs GP38-2, deren Farbgebung an die Loks der früheren *Boston & Main* in den 1970er Jahren angelehnt ist.
Brian Solomon

↙ Ein Lok des Typs F40PH von *New Jersey Transit* ist im August 1986 mit einem Wendezug des *Raritan Valle* bei Hunter Tower in Newark, New Jersey, unterwegs.
Brian Solomon

↗ Eine Parade von *Cal-Train*-Loks des Typs F40PH-2 in der Station 4th & Townsend Street in San Francisco. *Cal-Train* betreibt einen unfangreichen Wendezugbetrieb im Vorortverkehr auf Gleisen der früheren *Southern Pacific Peninsula Line* zwischen San Francisco, San Jose und Gilroy in Kalifornien.
Brian Solomon

→ Die in der Region Chicago tätige *Metra* betreibt eine große Flotte von Loks des EMD-Typs F40PH im regionalen Vorortverkehr. Im Februar 2003 sind vier auffällig lackierte Loks auf dem Weg ins Bahnbetriebswerk beim A2 Tower um sich dort auf die abendliche Rush Hour vorzubereiten.
Brian Solomon

903
Caltrain
917
913
902

128
Metra

British Rail HST

Großbritanniens »High Speed Train« (HST; dt. Hochgeschwindigkeitszug) gehört zu den positiven Folgen der drastischen Sparpolitik und Streckenstilllegungen der Ära »Beeching«. In den 1960er Jahren war die staatliche Eisenbahngesellschaft – damals *British Railways*, ab 1965 *British Rail* – durch einen erzwungenen Schrumpfungsprozess gegangen, der ihr im Angesicht des schnell wachsenden PKW-Besitzes in der Bevölkerung und zurückgehenden Fahrgastzahlen verordnet worden war. Drakonische Einschnitte wurden unter der Ägide von Dr. Richard Beeching vorgenommen, der im politischen Auftrag Gutachten über den Umfang des Verkehrs im Streckennetz der britischen Eisenbahnen erstellt hatte. Allerdings wollten Beeching und seine Nachfolger auch investieren und zwar dort, wo es den meisten Fahrgästen zugute kommen würde. Im Gegensatz zu Japan und Frankreich, wo ganz neue Hochgeschwindigkeitsnetze mit dem Fokus auf langen, speziell dafür konzipierten Neubaustrecken entwickelt wurden, brauchte Großbritannien seinerzeit vor allem einen modernen Zug, der die inländischen *Intercity*-Verbindungen dramatisch aufwerten und neue Fahrgäste anziehen konnte, ohne dass man dafür das Bestandsnetz teuer umbauen musste.

Daher investierte *British Rail* in den 1970er Jahren in zwei verschiedene Zugkonstruktionen. Der »Advanced Passenger Train« (APT; dt. »Fortschrittlicher Reisezug«) erhielt ein ausgefeiltes Neigetechniksystem und einen Antrieb für Hochgeschwindigkeiten von bis zu 160 Meilen pro Stunde (257,5 km/h) auf vorhandenen Gleisen. Im Gegensatz dazu sollte der HST auf der Basis der etablierten diesel-elektrischen Antriebstechnik ohne die zusätzlich komplizierte Neigetechnik mit einer konservativeren Geschwindigkeit von 125 Meilen pro Stunde (201,2 km/h) unterwegs sein. Zu seinen Vorteilen gehört die schnelle Beschleunigung auch auf nicht-elektrifizierten Strecken und die Möglichkeit, die alte Streckeninfrastruktur nutzen zu können, ohne dass man viel mehr als die Signalausstattung umrüsten musste. Bald führten Konstruktionsprobleme dazu, dass das APT-Projekt abgeblasen wurde und nun das HST-Konzept möglichst breite Anwendung erfahren sollte.

Der Beschluss für das HST-Konzept war im Wesentlichen 1970 gefallen und ein Prototyp be-

↙ Zu Ehren des ersten Betreibers der HST-Züge lackierte die *LNER* einen Sieben-Wagen-Zug im originalen Farbschema der *British Rail* und führte damit eine viertägige Abschiedstour zu vielen Orten an der gesamten Ostküste wie Inverness, Aberdeen, Leeds und London durch. Die Aufnahme entstand in Bow of Fife in Schottland
Finn O'Neill

→ Die Hauptstrecke nach Cornwall ist reich an Kurven und Viadukten. Am 10. Mai 2018 passiert ein HST der *Great Western Railway* den Largin Viadukt auf seinem Weg von Exeter St. Davids nach Penzance auf der historischen Strecke der *Great Western Railway*. Allerdings hat die heutige Gesellschaft dieses Namens nichts mit ihrem gleichnamigen Vorgänger gemein, außer dass sie auf den historischen Namen der vor der Verstaatlichung aller Bahnen im Jahr 1948 dort tätigen Gesellschaft hinweist.
Finn O'Neill

GWR

gann 1972 mit Testfahrten, während die Serienausführungen des Zuges ab 1975 und 1976 in den Betriebsdienst übernommen wurden. Anfangs wurde jede HST-Zugeinheit aus zwei keilförmig gestalteten diesel-elektrischen Lokomotiven der Baureihe 43 an beiden Enden und sieben semipermanent gekuppelten Reisezugwagen der Gattung Mark 3 gebildet (später wurden die Züge auf acht Zwischenwagen erweitert). Bei Indienststellung waren die Loks mit Zwölfzylinder-Dieselmotoren von Paxman Valenta mit einer Leistung von je 2.250 PS ausgerüstet, die mehr als genug Zugkraft auf die Gleise brachten, um den Zug in weniger als sechs Minuten aus dem Stand auf Höchstgeschwindigkeit zu beschleunigen.

Damit die HST-Züge sicher mit deutlich höherer Geschwindigkeit auf dem Bestandsnetz unterwegs sein konnten, mussten sie in der Lage sein innerhalb von 6.600 Fuß, das entspricht 2011,68 Metern, von ihrer Höchstgeschwindigkeit von 201 km/h vollständig zum Stehen zu kommen. Dafür wurden beim HST erstmals in Großbritannien elektropneumatische Scheibenbremsen verwandt und an allen Rädern eingebaut. Ergänzt wurde eine Bremssteuerung, die ein Schleudern der Räder verhindern sollte.

Der Schlüssel zum Erfolg des Zuges waren aber sicherlich die Mark 3 Reisezugwagen, die dank der Ganzschalenbauweise eine sehr stabile, aber leichtgewichtige Konstruktion aufs Gleis brachten.

Der HST wurde in Anspielung auf seine Höchstgeschwindigkeit von 125 Meilen als »*Intercity 125*« vermarktet und nach und nach auf einer Vielzahl von *Intercity*-Strecken eingeführt. Den Anfang machten die Strecken der früheren *Great Western Railway* vom Londoner Kopfbahnhof Paddington aus. Das neue Angebot war sofort erfolgreich und setzte damit einen Standard für alle Anbieter von Reisezügen: Die Züge waren neu und sauberer als die bisherigen Züge und sie konnten auch zum selben Preis benutzt werden, also ohne Zuschläge oder ähnlichem.

Der HST rettete den *Intercity*-Dienst von *British Rail*, denn so konnte man in den 1970er Jahren auf britischen Gleisen Reisezeiten von Bahnhof zu Bahnhof anbieten, die den Reisezeiten des japanischen *Shinkansen* entsprachen. Auch stellte der HST mehrere Rekorde als schnellster Dieselzug der Welt auf. Im Jahr 1982 hatte *BR* dann 95 Zugeinheiten auf ihrem Netz im Einsatz.

Die Privatisierung von *British Rail* überlebten die meisten HST-Züge um ein gutes Vierteljahrhundert im Dienste privater Zuggesellschaften. Viele Züge wurden runderneuert oder modernisiert. Dabei wurden oft moderne MTU-Dieselmotoren als Ersatz für die Paxman Valenta-Maschinen eingebaut. Erst 2019 kam durch fortschreitende Elektrifizierung von Strecken und moderne neue Züge das Ende für die meisten regulären HST-Einsätze im Vereinigten Königreich.

↖ Die meisten *Great Western Railway* Fernzüge zwischen London, Devon und Cornwall benutzen die Berkshire und Hantshire Linie zwischen Reading und Taunton. Die Aufnahme zeigt einen HST im inzwischen abgeschafften blauen Farbkleid der *First Great Western*, der am 8. November 2017 beim Verlassen von Westbury in Richtung Exeter St Davids beschleunigt.
Finn O'Neill

↑ Auch der Name der heutigen Bahngesellschaft *London North Eastern Railway* ist wie die Initialen *LNER* von der 1948 in der *British Rail* aufgegangenen *London & North Eastern Railway* übernommen. Der heutige Betreiber *LNER* hat den Betrieb der East Coast Hauptstrecke erst im Jahr 2018 von *Virgin Trains East Coast* übernommen. Im fahlen Winterlicht eilte am 2. Dezember 2019 mit dem Triebkopf 43277 an der Spitze ein Zug von Leeds nach London durch Sandy in Bedfordshire. Zwei Wochen später wurde bei der *LNER* der HST-Betrieb eingestellt.
Finn O'Neill

← Am 11. Mai 2010 trafen vier HST-Züge der *First Great Western* unter dem viktorianischen Dach der legendären Paddington Station in London aufeinander.
Brian Solomon

↑ Der HST in der historischen Farbgebung durchfährt auf seiner Abschiedstour am 18. Dezember 2019 einen Küstenabschnitt vor der gigantischen Kulisse des Firth of North bei Edinburgh in Schottland.
Finn O'Neill

↗ Ein HST der *East Coast* hält im Juli 2014 in Leeds. Die *East Coast* betrieb etwa sechs Jahre lang Intercity-Züge in verschiedenen Teilen des Landes. Ihre vielseitigen Einsatzmöglichkeiten, die Geschwindigkeit und der Komfort sorgten dafür, dass viele HST-Zuggarnituren aus den 1970er Jahren über 40 Jahre lang im täglichen Einsatz blieben.
Brian Solomon

↑ Für eine ganze Generation von britischen Fahrgästen brachten die HST eine schnelle und komfortable Alternative zu den traditionellen Zügen. Ein Triebkopf der Baureihe 43 im letzten Farbkleid der *Britisch Rail* durcheilt an der Spitze eines Intercity-Zuges die Vororte von London.
Brian Solomon

Baureihe 120

Zu den einflussreichsten Lokkonstruktionen des ausgehenden 20. Jahrhunderts zählt die deutsche E-Lok-Baureihe 120. Bei dieser ersten Drehstromlok wurden die Grenzen des elektrischen Antriebs von vierachsigen E-Loks erheblich verschoben. Die Prototypen wurden 1976 bestellt und 1979 ausgeliefert. Doch dauerte es noch einige Jahre, bis die Baureihe 120 in Serie ging. Mitte der 1980er Jahre wurden schließlich 60 Maschinen durch verschiedene Hersteller für die *Deutsche Bundesbahn* (DB) gebaut. Die Lok repräsentierte den damals neuesten Stand der Technik und nutzte Traktionsstromrichter um aus dem Wechselstrom in der Fahrleitung Drehstrom zu gewinnen, der die Asynchron-Fahrmotoren antrieb. Entwickelt von Brown Bovery & Cie. sollte diese vierachsige Lok mit einer hohen Leistung und der Achsanordnung Bo'Bo' sowohl 200 km/h schnelle Reisezüge wie auch schwere Güterzüge ziehen können. Damit wäre es möglich gewesen, einen einheitlichen Lokpool für beide Traktionsaufgaben vorhalten zu können.

Obwohl die Baureihe 120 nicht die in sie gesetzten Erwartungen erfüllen konnte und schließlich doch hauptsächlich im Reisezugdienst anzutreffen war, wurde der Typ in den 1990er Jahren für mehrere ausländische Bahnen angepasst. Vor allem wurde der Drehstrom-Asynchronmotor zum Ausgangspunkt für die Entwicklung weiterer Hochleistungselektroloks. Fast alle Loks der Baureihe 120 wurden im Juli 2020 abgestellt.

Ab 1991 erhielt die spanische *RENFE* bei Siemens den *Euro Sprinter* der Baureihe 252, die von der Baureihe 120 abstammen und ein ähnliches Aussehen aufweisen. Ursprünglich erwarb Spanien normalspurige Loks der Baureihe 252 um damit TALGO-Neigetechnik-Züge auf seinen neuen Hochgeschwindigkeitsstrecken zu befördern. Insgesamt verfügt die *RENFE* über 75 Maschinen, die großteils in Lizenz bei CAF und GATSA für den Einsatz auf iberischer Breitspur (Spurweite 1676 mm) gebaut wurden. Auch die *Comboios de Portugal* (*CP*; dt. Portugiesische Staatsbahn) erwarb 30 Maschinen für ihre Breitspurstrecken und bezeichnete sie als Baureihe 120. Die Organismos Sidirodromon Ellados (OSE; dt. Griechische Eisenbahnorganisation) erhielt ab 1999 mit den bei ihr als Baureihe 120 bezeichneten 30 normalspurigen Maschinen die ersten E-Loks Griechenlands. Da sich die geplante Elektrifizierung mit jedoch verzögerte, führten die Loks lange ein Schattendasein.

↙ Die Baureihe 120 der *DB* weist ein ausgesprochen eckiges Design auf und wurde für Höchstgeschwindigkeiten bis 200 km/h gebaut.
Brian Solomon

➔ In den letzten Jahren machte sich die Baureihe 120 im *Intercity-Dienst* bereits rar. Am 18. September 2019 konnte jedoch 120 146-6 an der Spitze eines nordwärts fahrenden *Intercity* auf der linken Rheinstrecke zwischen den beiden mittelalterlichen Türmen von Oberwesel abgelichtet werden.
Brian Solomon

DB
120 146-6
130
8

VALADARES
5601-8

5617-4
SIEMENS
KRAUSS MAFFEI
SOREFAME

↖ Die nationale Bahngesellschaft von Portugal, die *Compoios de Portugal*, setzt eine Flotte von Loks der Baureihe 5600 ein, die von der deutschen Baureihe 120 abgeleitet wurde. Eine Lok dieser Baureihe zieht am 29. März 2019 einen *Intercity* nach Lissabon durch Portos Vororts Valadares.
Brian Solomon

← Die CP-Lok 5617-4 trägt den Namen der deutschen Hersteller Siemens und Krauss-Maffei auf der Seite angeschrieben, während sie durch die Campanhã-Station von Porto gleitet.
Brian Solomon

↑ Die spanische Staatsbahn *RENFE* kaufte für ihre zwei verschiedenen Spurweiten (Normalspur und Breitspur) zwei verschiedene Varianten der Baureihe 252, der von der DB-Baureihe 120 abgeleitet wurde. Das Bild zeigt eine der normalspurigen Loks.
Brian Solomon

→ DB-Lok 120-114-4 sonnt sich im August 1998 am Schluss eines geschobenen *Intercity-Zuges* im Bonner Hauptbahnhof.
Brian Solomon

Trains à Grande Vitesse

In den 1960er Jahren bemühten sich die französischen Staatsbahnen, die *Société Nationale des Chemin de Fer* (SNCF) darum, die Reisegeschwindigkeit ihrer Fernreisezüge erheblich zu verbessern, in dem sie das bestehende Streckennetz mit neuen, speziell auf den Hochgeschwindigkeitsverkehr ausgelegten Bahnstrecken ergänzten, die man auf französisch auch als *Lignes à Grande Vitesse* bezeichnet. Gleichzeitig wurden auch neue Hochgeschwindigkeitszüge (französisch »*Trains à Grande Vitesse*«, kurz *TGV*) entwickelt, die die neuen Strecken optimal nutzen sollten. Diese Züge waren für den Betrieb unter elektrischen Fahrleitungen ausgelegt und bestanden aus Triebzügen mit untereinander fest verbundenen Mittelwagen und je einem Triebkopf an den Spitzen, die für eine sehr große Zugkraft an beiden Enden sorgten. Allerdings waren diese Züge nicht nur dafür konzipiert, auf den neuen Strecken Spitzengeschwindigkeiten zu erreichen, sondern auch dafür, auf den Bestandsstrecken mit der jeweils zulässigen Höchstgeschwindigkeit eingesetzt zu werden. Nur weil die Züge beide Anforderungen erfüllten, war es möglich, die Kosten zu senken und die Züge mit hoher Flexibilität im gesamten Streckennetz einzusetzen. Die TGV-Fahrzeugtechnologie stand an der Spitze der Entwicklung von Hochgeschwindigkeitszügen. Dass man überhaupt zwischen dem TGV-Hochgeschwindigkeitszug und dem Marketing-Label *TGV* der *SNCF* unterscheidet, verwirrt manche Betrachter. Die *SNCF* benutzt den Begriff *TGV* natürlich als Marketing-Begriff für ihre nationalen und internationalen Hochgeschwindigkeitszüge. Doch weltweit benutzen viele Bahngesellschaften die Technologie des TGV-Zuges und vermarkten dies dann unter ganz anderen Namen, wie etwa das spanische *AVE*-Netz, der *Eurostar* von Paris bzw. Brüssel nach London oder die *Thalys* Züge von Paris bzw. Brüssel nach Köln und Amsterdam. In den USA wiederum profitierten die ursprünglichen *Acela Express*-Hochgeschwindigkeitsfahrzeuge von der TGV-Technologie mit dem hochentwickelten Antriebssystem von Alstom.

Die *SNCF* startete 1981 ihren *TGV*-Betrieb auf der sehr stark nachgefragten Relation Paris – Lyon. Der sofortige Erfolg des Hochgeschwindigkeitsbetriebes legte die Grundlage für eine regelrechte Renaissance der Schiene in Frankreich und so wurde in den letzten 40 Jahren ein ganzes Netz von Hochgeschwindigkeitsstrecken geschaffen, die von Paris aus in alle Teile des Landes und in einige Städte der Nachbarländer reichen; damit wurden die Reisezeiten verkürzt und der

→ Die ersten TGV-Triebwagen bedienten die Strecke Paris – Lyon in der Farbgebung der 1980er Jahre: Orange, Braun und Creme.
Denis McCabe

↘ Ein TGV-PSE in voller Fahrt im Jahr 1991. Diese Züge waren noch für eine Höchstgeschwindigeit von 260 km/h ausgelegt. Die modernen TGV-Einheiten erreichen nun bis zu 320 km/h im Regelbetrieb.
Denis McCabe

↙ Die *SNCF* hat mit den Bahngesellschaften vieler Nachbarstaaten Vereinbarungen für durchgehende Zugläufe getroffen. Dieser TGV-Duplex — ein Doppelstockzug — durcheilt den Bahnhof Rastatt in Baden auf dem Weg in die Landeshauptstadt Stuttgart.
Brian Solomon

TGV

TGV

← Die bis in die Schweiz verkehrenden Züge werden unter dem Namen *TGV Lyria* vermarktet. Ein speziell lackierter Zug hält am Bahnhof des Flughafens Charles de Gaulle in Paris.
Brian Solomon

↙ Links einer der Mehrsystem-Triebzüge für den Einsatz auf der Strecke Paris – Mailand; rechts einer der moderneren TGV Duplex.
Brian Solomon

→ Die Erste Klasse im TGV ist komfortabel und geräumig. Sie ist zwar nicht besonders luxuriös ausgestattet, bietet aber mehr Annehmlichkeiten als das Flugzeug.
Brian Solomon

Bahnverkehr verbessert. Heute verbindet das *TGV*-Netz Paris mit zahlreichen Städten des Landes und insgesamt 15 Nachbarländern, darunter Spanien, Deutschland, die Schweiz, Italien und Großbritannien. Zusätzlich gibt es Direkt verbindungen zwischen einigen französischen Städten, die das Zentrum von Paris umgehen, um etwa nur den Pariser Flughafen Charles de Gaulle anzufahren, so dass ein direkter Umstieg von internationalen Flügen auf das *SNCF*-Hochgeschwindigkeitsnetz möglich ist.

Die erste TGV-Strecke wurde fahrplanmäßig mit einer Höchstgeschwindigkeit von 260 km/h betrieben. Im Laufe der Jahre wurden spezielle Versuchsfahrten mit immer neuen Rekorden durchgeführt, bei denen schließlich sogar 574,8 km/h erreicht wurden. Auch die Geschwindigkeiten im Regelbetrieb wurden schrittweise weiter erhöht und inzwischen sind die jüngeren Neubaustrecken und die verbesserten Züge im Planbetrieb für eine Höchstgeschwindigkeit von 320 km/h ausgelegt.

Pendolinos

Der Nutzen von Bahnfahrzeugen mit Neigetechnik besteht vereinfacht ausgedrückt darin, dass sich damit Fahrzeiten deutlich verkürzen lassen, ohne dass man dafür neue Strecken bauen oder die vorhandene Infrastruktur aufwändig anpassen muss. Der niedrige Schwerpunkt und die seitlich ausschwenkende Wagenkästen ermöglichen es, mit wesentlich höheren Geschwindigkeiten durch Kurven zu fahren und dabei die für die Fahrgäste unangenehmen zentrifugalen Fliehkräfte zu minimieren. Dabei gibt es sowohl aktive als auch passive Systeme der Neigetechnik. Aktive Neigetechnik-Konstruktionen nutzen elektrische oder mechanische Kräfte um die Neigung des Wagenkastens auszulösen und dadurch den zentrifugalen Kräften entgegenzuwirken; solch ein System wurde etwa in dem experimentalen *Advanced-Passenger-Train* in Großbritannien verwendet oder dem Kanadischen *LRC* und seinen Ablegern, wie dem *Acela* Express von *Amtrak*. Passive Neigetechnik-Konstruktionen nutzen dagegen die auf den Zug einwirkenden Kräfte, um die Neigung des Wagenkastens einzuleiten. So funktioniert beispielsweise die Neigetechnik des spanischen Talgo-Zuges.

Die in Italien von Fiat Ferroviaria entwickelten *Pendolinos* gehören zu den in Europa am weitesten verbreiteten Neigetechnik-Konstruktionen. Die ursprüngliche Flotte an *Pendolinos* bestand aus Neun-Wagen-Zügen der Baureihe ETR450 für den Zweirichtungsbetrieb und wurde in den 1980er Jahren gebaut. Diese elektrischen Züge für Betrieb an der 3000 Volt-Gleichstrom-Fahrleitung konnten eine Höchstgeschwindigkeit von 250 km/h erreichen, wenn sie auf den speziell für den italienischen Hochgeschwindigkeitsverkehr gebauten *Direttissima-Strecken* unterwegs waren. Sie konnten jedoch auch auf den Bestandsstrecken mit einer gegenüber konventionellen lok-bespannten Zügen um 30 Prozent höheren Geschwindigkeit eingesetzt werden.

In den 1990er Jahren entwickelte Fiat Ferroviaria seinen *Pendolino* weiter und führte die kantigen Züge der Baureihe ETR460 ein. Die Neigetechnik der *Pendolinos* bietet ein komfortables Reiseerlebnis, da das Neigen der Wagenkästen sehr subtil erfolgt und bei hohen Geschwindigkeiten kaum zu bemerken ist. Variationen des *Pendolino* wurden für den Einsatz bei zahlreichen europäischen Eisenbahnen

↙ Ein Zug der italienischen *Pendolino-Baureihe* ETR460 durchfährt mit leicht geneigtem Wagenkasten den Bahnhof von Framura, der sich oberhalb eines Kliffs befindet und einen Blick aufs Mittelmeer bietet.
Brian Solomon

→ Die britische *Virgin Trans* kauften von Alstom Pendolinos für den Einsatz auf der *West Coast Main Line*. Der erste Zug dieser Züge mit ihrem unverkennbaren Farbkleid gingen 2002 in Betrieb. Die Lackierung in Rot, Gelb und Silber bildet im August 2014 einen scharfen Gegensatz zu der viktorianischen Bahnsteighalle von Manchester Piccadilly.
Brian Solomon

ALSTOM
Welcome

← Alstoms Baureihe ETR610 sind Hochgeschindigkeitszüge mit Neigetechnik und werden im *EuroCity-Verkehr* durch die Schweizer Alpen über Gotthard- und Simplon-Pass eingesetzt. Dieser Zug der italienischen *Trenitalia* erklimmt im April 2016 die alte Gotthard-Route in der Schweiz.
Brian Solomon

↗ Ein ETR610 der *Trenitalia* gleitet im April 2017 durch das schweizerische Flüelen auf der berühmten Gotthard-Route. Diese schlanken, modernen Züge wurden von Alstom im italienischen Savigliano gefertigt.
Brian Solomon

↘ Die tschechische Staatsbahn, *České Dráhy (CD)*, betreibt eine kleine Flotte italienischer *Pendolinos* und setzt diese in ihren *SuperCity*-Verbindungen zwischen Prag and Ostrava ein. An einem nebeligen Oktober-Nachmittag des Jahres 2016 fährt einer der *CD-Pendolinos* geneigt durch eine Kurve in Drahotuse auf der Fahrt in die Hauptstadt.
Brian Solomon

entwickelt, so für Finnland, Deutschland, Portugal, Russland, Slowenien, die Slowakei, die Schweiz und Tschechien. Die britischen *Virgin Trains* bestellten auch eine speziell gestaltete Variante für den Hochgeschwindigkeitsverkehr im Vereinigten Königreich auf den Strecken von London Euston über die elektrifizierte *West Coast Main Line* in den Norden. Die spanische *RENFE* bestellte dagegen *Pendolinos* ohne die Neigetechnik-Ausrüstung.

Im Jahr 2000 übernahm der Alstom Konzern Fiat Ferroviaria und hat seitdem die Neigetechnik weiter entwickelt. Die schlanken modernen Alstom *Avelia Pendolino* repräsentieren nun die vierte Generation des bewährten Neigetechnik-Systems. Nach neusten Angaben des Konzerns befinden sich weltweit mehr als 300 Züge mit dieser Technik im Einsatz.

General Electric Genesis

Die Entwicklung der Diesellok-Type *Genesis* von General Electrics in den 1990er Jahren geht auf den Bedarf von *Amtrak* zurück, seine aus den 1970er Jahren stammenden Dieselloks wegen sehr hoher Laufleistung ersetzen zu müssen. In Nordamerika waren die in den 1970er und 1980er Jahren gebauten Reisezugloks meistens Adaptionen von Standard-Güterzugloks gewesen. Für die nächste Generation wollte *Amtrak* nun maßgeschneiderte, leichtgewichtige Loks auf dem technisch neuesten Stand bestellen. Das bedeutete eine Orientierung an den europäischen Typen. Die beiden Hauptanbieter von Dieselloks legten Angebote für diese Ausschreibung vor, für die *Amtrak* den Projektnamen AMD-103 wählte, was für die englische Bezeichnung »*Amtrak* Diesel, 103 Meilen/Stunde« stand, also für eine *Amtrak*-Diesellok mit einer Höchstgeschwindigkeit von 166 km/h. GE konnte sich dabei mit seinem Entwurf durchsetzen und bezeichnete den Loktyp nach einem firmeninternen Namenswettbewerb als »*Genesis*« (dt. Schöpfungsgeschichte).

Letztendlich entwickelte GE drei verschiedene Dieselloktypen der Genesis-Reihe, die alle einen klar gestalteten Aufbau mit selbsttragendem Lokkasten aufwiesen und geschweißte Drehgestelle, anstelle einer festen Bodengruppe als gemeinsamer Plattform mit gegossenen Drehgestellen, wie sie für Güterzugloks bis dahin üblich gewesen waren. Die Konzeption für den Aufbau ist das Ergebnis einer Zusammenarbeit von GE mit Krupp. Mit den Abmessungen von 4,40 Meter Höhe und 3,00 Meter Breite sind die *Genesis*-Loks deutlich niedriger und auch etwas schmaler als die meisten Reisezugloks in Nordamerika. Diese Abmessungen waren aber vorgegeben, weil diese Loks auch auf den Strecken solcher Bahngesellschaften verkehren sollten, die nach einem schmaleren Lichtraumprofil gebaut worden waren. Im Ergebnis können die *Genesis*-Dieselloks nun praktisch jede nordamerikanische Bahnstrecke befahren, auf der noch Reisezüge verkehren.

Diese vom Standard abweichenden Abmessungen waren eine Vision von *Amtraks* Entwickler Cesar Vergara, der anstelle eines abgerundeten Designs auch auf eher kantige Formen setzte. Das rief manche Kritik hervor, da die Lok von dem bis dahin so vertrauten Erscheinungsbild klassischer nordamerikanischer Loks sehr deutlich abwich und manche ästhetische

↙ Zu den *Amtrak*-Loks mit einer speziellen Lackierung gehört Lok 42 des Typs P42, die zu Ehren der US-Kriegsveteranen gestaltet wurde.
Brian Solomon

↗ Die *Amtrak*-Baureihe 700 besteht aus Loks des Bautyps P32AC-DM, den speziellen Arbeitspferden für die *Empire Corridor* Züge zwischen der New Yorker Penn Station und Albany. Diese Zweisystem-Loks können mit einem Zwölfzylinder-Dieselmotor auf nichtelektrifizierten Strecken fahren oder mit einklappbaren Stromabnehmern an den Drehgestellen auch Gleichstrom aus seitlichen Stromschienen abnehmen. Die *Amtrak*-Lok 708 passiert Stuyvesant, New York, am 29. Mai 2004.
Brian Solomon

→ Die erste *Genesis*-Serie von *Amtrak* wurde in die 800er Serie eingereiht. Einige dieser Loks haben bis heute als Zugloks für den Langlauf des *Auto Train* überlebt. (Dieser Zug ist 17 Stunden von Lorton, Virginia, bis nach Sanford in Florida unterwegs.) Die Loks besitzen ein älteres Bremssystem, das aber ideal zu den speziellen Anforderungen dieses außergewöhnlich schweren Zuges passt. Das Bild zeigt *Amtrak*-Lok 816 vor einem südwärts fahrenden *Auto Train* in Petersburg, Virginia.
Brian Solomon

AMTRAK
708

831
816
AMTRAK

Amtrak
156
1971
Amtrak
2011
156
AMTRAK

Anlässlich des 40-jährigen Bestehens lackierte *Amtrak* im Jahr 2011 mehrere *Genesis*-Dieselloks im historischen Farbkleid. Lok 156, eine Maschine der Type P42, trug im Dezember 2017 die Lackierung »Blutige Nase« der frühen 1970er Jahre, als sie den Bostoner Zugteil des *Lake Shore Limited* am Ufer des Quaboog River bei West Warren, Massachusetts, vorbeizieht.
Brian Solomon

13
Amtrak

← Die kanadische *VIA* orderte 2001 als *Intercity-Betreiber* zunächst 21 Loks des Typs P42. Am 22. Oktober 2004 zieht die *VIA Rail*-Lok 908 einen Reisezug mit LRC-Neigetechnik aus der Central Station von Montreal. Die Farbgebung von *VIA* wirkt dabei ausgereifter als die meisten Farbvarianten von *Amtrak*.
Brian Solomon

←← Im Oktober 1997 begann *Amtrak* im Personenfernverkehr mit der Ablösung der Loks der Type F40 von EMD durch die *Genesis*-Loks von GE. Diese Lok der Type P42 trägt das Farbkleid in Platinfarbe mit breiten roten, weißen und blauen Streifen auf dem gesamten Fahrzeugaufbau. Im Kontrast dazu wurden die Loks des Typs P40 (Baureihe 800) mit zum Ende der Lok hin auslaufenden Streifen lackiert.
Brian Solomon

↙↙ Die *Amtrak*-Zweisystem-Lok 719 der Type P32AC-DM zieht den Empire Service 280 entlang des Ufers des Hudson Rivers bei Cold Spring, New York.
Brian Solomon

Erwartung enttäuschte. Trotzdem gewann der *Genesis*-Typ manche Auszeichnung für Industrie-Design. Inzwischen prägt dieser Loktyp das Erscheinungsbild praktisch aller nordamerikanischen Fernreisezüge und natürlich auch vieler bekannter *Amtrak*-Züge abseits des elektrifizierten Northeast-Korridors.

Die drei Varianten des Typs *Genesis* unterscheiden sich hauptsächlich in ihren technischen Daten. *Amtrak* bestellte zunächst die 800er Serie, die auf der Technologie des GE-Typs DASH 8-40P mit 4000 PS aufbaute, der bei *Amtrak* meist als P40 bezeichnet wurde. Die ersten Maschinen der schließlich 44 Exemplare umfassenden Serie lieferte GE im Jahr 1993 aus und nur noch eine Handvoll von ihnen waren im Jahr 2020 bei *Amtrak* im Einsatz, unter anderem vor dem von Virginia nach Florida verkehrenden *Auto Train*, denn diese Loks haben ein vorzügliches Bremsverhalten, mit denen die Lokführer diese ungewöhnlich langen und schweren Züge am besten im Griff haben. Zahlenmäßig sind die 4.200 PS starken Loks des Genesis P42DC am häufigsten vertreten, die ab 1996 in Dienst genommen wurden. Diese sind mit den technischen Komponenten der DASH 9 von GE ausgestattete und können eine Höchstgeschwindigkeit von 177 km/h erreichen. *Amtrak* erwarb bis 2001 insgesamt 207 Loks dieser Type und die kanadische *VIA Rail* kaufte weitere 21 Maschinen im Jahr 2001.

Technisch recht ungewöhnlich sind die Loks des Typs P32AC-DM, bei denen es sich um Zwei-System-Loks für diesel-elektrischen Betrieb bzw. elektrischen Betrieb handelt. Sie wurden für den Einsatz auf den mit einer Stromschiene elektrifizierten Strecken rund um New York City konzipiert, auf denen sie den Strom direkt aus der Stromschiene beziehen sollen. Diese Type weist eine geringere Leistung von nur 3200 PS und Drehstrommotoren auf. *Amtrak* hat diese Maschinen in der 700er Serie eingruppiert und setzt die Loks bevorzugt vor den *Empire Corridor* Zugleistungen zwischen der New Yorker Penn Station und Albany, New York, ein. *Metro North* erwarb ebenfalls eine größere Serie des Typs P32AC-DM und ließ sich einen Teil der Loks von der Transportbehörde von Connecticut bezahlen, weil die Loks in diesem Bundesstaat auf den Strecken der ehemaligen *New Haven Railroad* von der New Yorker Grand Central Station nach Danbury und Waterbury in Connecticut eingesetzt werden sollten.

Electro-Motive SD70MAC

Electro-Motive führte im Jahr 1993 die Loktype SD79MAC als erste massengefertigte nordamerikanische Lok mit Drehstrommotor für schwere Zugleistungen ein. Diese Technik bot erhebliche Vorteile gegenüber den Gleichstrommotoren, die bis dahin in praktisch allen diesel-elektrischen Loks in Nordamerika verwendet worden waren. Die Dreiphasen-Wechselstrom-Antriebe bedeuteten fast einen Quantensprung für die nordamerikanischen Güterbahnen. Dahinter stand die Anpassung der neusten Loktechnologie aus Europa an die neusten Entwürfe für schwere Dieselloks, was wiederum möglich wurde, weil zu dem Zeitpunkt die *Burlington Northern (BN)* ein finanziell bedeutendes Engagement in Aussicht stellte, da sie 350 Dieselloks für ihre Kohletransporte bestellen wollte. *BN*-Vorstand Geralds Grinstein ging mit seinem im *Trains Magazine* abgedruckten begeisterten Ausspruch in die Eisenbahngeschichtsschreibung ein: »Die Loktype SD70MAC dürfte den dramatischsten Fortschritt im Lokomotivbau seit dem Übergang vom Dampf- auf Dieselbetrieb darstellen.«

Drehstrommotoren bedeuten klare Vorteile für den Lokomotivbetrieb, da sie ein sehr einfaches Konstruktionsprinzip nutzen, das sich in eine höhere Zugkraft übersetzt (als bei gleich großen Gleichstrommotoren) und dabei auch noch automatisch den Schlupf der Räder korrigiert; höhere Traktionskräfte bedeuten eine größere Zugkraft. Außerdem konnten die historischen Probleme mit der Steuerung von Drehstrommotoren durch Fortschritte bei der Mikroprozessorsteuerung von Hochspannungsschaltanlagen überwunden werden, wie sie seit den späten 1970er Jahren für die Hochgeschwindigkeitsloks, insbesondere die Baureihe 120 für die *Deutsche Bundesbahn* (s. Seite 156), entwickelt worden waren. Während der 1980er Jahre kam es zu weiteren Fortschritten, die dann vor allem in den erfolgreichen Zugkonzepten von Hochgeschwindigkeitszügen für Deutschland, Frankreich und Japan zum Tragen kamen.

Die erfolgreiche Anwendung von Drehstrommotoren in Deutschland ermutigte Electro-Motive eine Partnerschaft mit dem Unternehmen Siemens einzugehen, das seine Technologie für die praktische und zuverlässige Anwendung auf Hochleistungs-Dieselloks in Nordamerika adaptierte. Electro-Motive experimentierte in den frühen 1990er Jahren mit einem Paar vierachsiger Prototypen, die die Bezeichnung F69PHAC erhielten. Danach wurden vier Vorserienloks auf der Basis des jüngsten EM-Typs SD60M mit sechs Achsen und sechs Motoren gebaut, die die Bezeichnung SD60MAC erhielten und für den Einsatz vor schweren Kohlenzügen vorgesehen waren.

Als die *BN* mit den Fortschritten zufrieden war, sprach sie ihre o.g. historische Bestellung von Maschinen des Typs SD70MAC aus, die dann dem Einsatz vor Kohlenzügen im Wyomings Powder River Basin zugeteilt wurden. Drei Loks mit je 4000 PS erbrachten nun die gleiche Leistung, wie zuvor fünf ältere Loks mit Gleichstrommotoren und 3000 PS Leistung. Der Nachfolger der *BN*, die *BNSF*, löste mehrfach Folgebestellungen von Loks dieser Type aus und bald kauften auch *Conrail* und die *CSX* Loks der Type SD70MAC. Schließlich wurden Drehstromloks sogar der neue Standard in Nordamerika. Im Jahr 2005 löste Electro-Motive schließlich mit dem weiterentwickelten Nachfolgemodell SD70ACE die Produktion der SD70MAC ab.

→ Drei neue *Burlington*-Loks der Type SD70MAC arbeiten sich am 28. Mai 1995 durch die vom Wind zerfurchte Landschaft im Wyoming Powder River Basin. Die Drehstromloks ermöglichten der *BN* erhebliche Einsparungen bei der Beförderung der im Powder River Gebiet geförderten Kohle.
Brian Solomon

↘ Klassischer Güterverkehr der 1990er Jahre: Ein Trio identisch lackierter *Burlington Northern*-Loks der Type SD70MAC ziehen einen Kohlenzug bei Edgemont, South Dakota.
Brian Solomon

9464
9529

9424
9424
9424

Die Sonne scheint am 29. Mai 1995 auf diesen schweren Zug mit Powder River Kohle beim Aufstieg am Crawford Hill in Nebraska. Obwohl der Zug wegen der Steigung nur noch mit Schrittgeschwindigkeit fuhr, war es für die fünf Loks der Type SD79MAC – zwei davon befinden sich außerhalb der Sichtweite am Zugschluss – kein Problem, den Zug in konstanter Bewegung zu halten.
Brian Solomon

Bombardier TRAXX

Die Loks der Bombardier TRAXX-Familie gehören zu den am meisten verbreiteten modernen europäischen Loks und sind eng mit der letzten Generation von ALP-Modellen in Nordamerika verwandt. TRAXX-Lokomotiven nutzen ein modulares Konzept und verwenden gemeinsame Komponenten und einen gemeinsamen Aufbau, der für eine hohe Streckenverfügbarkeit in Kontinental-Europa gedacht ist. Die TRAXX-Plattform wurde von der deutschen E-Lok-Baureihe 101 abgeleitet, die ab 1996 noch von ADtranz gebaut worden war und bis heute als Standard-E-Lok der *Deutschen Bahn* für die *InterCity*- und *EuroCity*-Fernzüge gilt. Im Zusammenhang mit den vielen fundamentalen Veränderungen des Eisenbahnverkehrs, die durch die Europäische Union vorgegeben wurden, sind viele private Bahnunternehmen entstanden, was wiederum für Lokomotiven den Einsatz im grenzüberschreitenden Betrieb wünschenswert macht. Dafür war das vielseitig anpassbare Konzept der TRAXX-Modelle sehr gut geeignet und so gehört dieser Bautyp inzwischen zu den am meisten in Europa verbreiteten Lokomotiven. Die erste TRAXX debütierte im Jahr 2000 und bis zum Jahr 2015 waren bereits mehr als 1800 Loks dieses Typs in 16 europäischen Ländern im Einsatz.

Historisch haben alle europäischen Bahnen ihre eigenen Lichtraumprofile, Stromsysteme und Signalstandards entwickelt. In Kombination mit national geprägten Eigenheiten im Personen- und Güterverkehr und nationalen Interessen, die jeweils landeseigenen Lok-Hersteller zu bevorzugen, hat sich daraus eine sehr unübersichtliche Vielzahl von Loktypen entwickelt, die jeweils für die individuellen Anforderungen jedes Landes maßgeschneidert werden mussten. Im Gegensatz dazu setzt Bombardiers modulare TRAXX-Plattform auf die Überwindung der nationalen Grenzen. Die Loks bieten natürlich modernste Loktechnik, wurden aber auch sorgfältig auf die Lichtraumprofile abgestimmt und sind so in der Lage, einen Großteil der Strecken des europäischen Eisenbahnnetzes zu befahren.

Die Gestaltung des Lokaufbaus der TRAXX-Modelle ist an den strengen Crash-Normen der EU ausgerichtet. Zum TRAXX-Portfolio gehören reine Wechselstrom-Loks für Fahrleitungsbetrieb (TRAXX AC), reine Gleichstromloks für Fahrleitungsbetrieb (TRAXX DC) und Loks für Mehrsystembetrieb (TRAXX MS),

↙ Zur jüngsten TRAXX-Generation gehört die *DB*-Baureihe 187, wie sie hier an der Spitze eines nach Südwesten fahrenden Güterzuges am Rheinufer in Sankt Goarshausen im September 2019 aufgenommen wurde. Die Baureihe 187 nutzt das modulare Design der TRAXX 3 Plattform, die sich durch ein elegantere äußere Formgebung auszeichnet als die vorhergehenden TRAXX-Loks.
Brian Solomon

→ Im April 2016 ziehen zwei Loks der Baureihe 185 der *Deutschen Bahn* einen Güterzug die alte Gotthard-Rampe auf Schweizer Seite hinauf. Obwohl viele Loks der Baureihe 185 noch in Zeiten vor Einführung der TRAXX-Plattform gebaut wurden, lautet ihre Typbezeichnung nun F140AC und zählt damit zur TRAXX-Zweisystem-Bauform. Sie ist der *DB*-Baureihe 146 ähnlich.
Brian Solomon

DB
185 124-5

RAILPOOL
EUROPEANGATEWAYSERVICE

LOGISTIK
bls cargo
007
485 007

→ Die E-Loks der Typen ALP-46 und ALP-46 von *NJ Transit* gehören ebenfalls zur TRAXX-Familie. Am Morgen des 11. Dezembers 2015 fährt Lok 4647 mit einem Zug nach Hoboken in den Bahnhof von Matawan, New Jersey, ein.
Brian Solomon

← European Gateway Services ist ein privater Güterzugbetreiber, der Güterzüge zwischen dem niederländischen Hafen von Rotterdam und verschiedenen mitteleuropäischen Güter-Hubs befördert. Eine seiner vielseitig einsetzbaren TRAXX-Elektrolokomotiven zieht einen Güterzug am Ufer des Mittelrhein entlang.
Brian Solomon

↙ Die schweizerische *Bern-Lötschberg-Simplon*-Bahn setzt eine Mehrsystemlok der Baureihe 185 für ihre grenzüberschreitenden Güterzüge ein. Die Abbildung zeigt sie vor einem nordwärts fahrenden Containerzug im September 2019 bei Boppard am Rhein, Deutschland.
Brian Solomon

die auch grenzüberschreitend eingesetzt werden können. Zusätzlich können diese Loks mit der »TRAXX last mile« Option bestellt werden, bei der ein zusätzlich eingebauter kleiner Dieselmotor für langsame Rangierfahrten auch auf nicht-elektrifizierten Gleisen genutzt werden kann. Schließlich gibt es auch noch ein Diesel-Streckenlok-Modell (TRAXX DE). Zu den Ableitungen der TRAXX-Familie zählen unter anderem Elektroloks für die südafrikanische staatliche Bahngesellschaft *Transnet* und deren 1067-mm-Spurweite.

Im Juli 2018 führte Bombardier die TRAXX 3-Plattform mit ursprünglich drei Modellen ein. Bis dahin hatte Bombardier bereits mehr als 2200 TRAXX-Loks ausgeliefert. Zu den jüngsten Varianten zählt eine Gruppe von TRAXX MS3-Modellen, die 2019 vom mitteleuropäischen Bahnunternehmen *RegioJet* bestellt worden sind.

In den USA waren die an den Vorortbahnbetreiber *NJ Transit* in New Jersey gelieferten Loks des Typs ALP-46 noch von der deutschen Baureihe 101 abgeleitet. Es handelt sich damit um einen »Cousin« der TRAXX E-Loks, die in der Zeit des Übergangs von ADtranz zu Bombardier entstanden sind. Diese Hochleistungsloks wurden in Kassel, Deutschland, hergestellt. Sie benutzen Drehgestelle mit der Standard-Achsanordnung Bo'Bo' und einem 19,5 Meter langen und 2,9 Meter breiten Lokkasten. Die Höchstgeschwindigkeit liegt bei 160 km/h. Im Jahr 2008 bestellte *NJ Transit* bei Bombardier 36 Exemplare einer Variante dieses Typs, die Type ALP-46A, für ihre Wendezüge von der New Yorker Penn Station in verschiedene Städte New Jerseys.

Bombardier adaptierte auch seine erfolgreiche Baureihe ALP-46A für den Zweisystem-Betrieb als Typ ALP-45DP. Diese kann sowohl diesel-elektrisch als auch als reine Elektro-Lok unter Fahrdraht fahren, so dass Personenzüge von elektrifizierten Strecken direkt auf Dieselstrecken weiterfahren können. Die Produktion umfasste 72 Maschinen, von denen 20 Loks an den Vorortbahnbetreiber *Agence Métropolitaine* de Transport (AMT) in Montreal verkauft wurden, während *NJ Transit* in zwei Serien insgesamt 52 Maschinen für seine von der New Yorker Penn Station und dem Hoboken Terminal abfahrenden Reisezüge nach New Jersey bestellte.

Eine Zweisystem-Lok auf einem Streckenabschnitt der alten *Erie Railroad*: Lok 4526 der *NJ Transit* ist im Diesellok-Modus am Zugende unterwegs und beschleunigt mit einem Pendlerzug in Richtung Hoboken Terminal aus dem Bahnhof von Secaucus Transfer heraus. Im Diesellok-Modus wird die Lok von zwei Caterpillar Zwölfzylinder-Dieselmotoren des Typs 3512HD angetrieben.
Brian Solomon

Siemens Vectron

Im Jahr 2010 führte Siemens den Loktyp *Vectron* als eine vielseitige Lokomotiv-Plattform ein, die die große Bandbreite von E-Lok-, Diesellok- und Zweisystem-Modellen (für den grenzüberschreitenden Betrieb in Europa) abdecken sollte. Dies war Siemens' Äquivalent zu der TRAXX-Plattform von Bombardier. Die *Vectron*-E-Loks von Siemens werden für die vielfältigen Anforderungsprofile der einzelnen europäischen Bahnbetreiber maßgeschneidert und verwenden dabei die neusten Entwicklungen der Lokomotiv-Technologie. Sie nutzen die modernste Drehstromtechnik bestehend aus dem Steuerungssystem Siemens Sibas 32 mit IGBT (insulated gate bi-polar transistor) Halbleiter Hochspannungsumrichtern.

Diese können die Elektro-Energie aus verschiedenen Spannungen in der Oberleitung aufnehmen und in Traktionsenergie für die Drehstrommotoren umwandeln. Um überflüssiges Gewicht einzusparen, werden Drehstrommotoren direkt in den Drehgestellen gummigelagert montiert. So wie viele Loktypen, weisen auch *Vectron*-Loks regenerative Bremsen auf, die zu 100 Prozent die Bremsenergie in die Fahrleitung zurückspeisen können, so dass der Energieverbrauch eine maximale Effizienz aufweist.

Zu den *Vectron*-Varianten im Einsatz gehören in Europa die Baureihe Sr3 der Finnischen Staatsbahn. Im Jahr 2015 stellte Siemens einen breitspurigen Prototyp für Probefahrten und eingehende Tests in Finnland zur Verfügung, die die Grundlage für die Entwicklung der Baureihe Sr3 bildeten, welche für die spezifischen Betriebsanforderungen der finnischen Bahnstrecken und des dortigen arktischen Winterwetters geeignet sein sollten.

↙ Im Jahr 2015 erhielt die *VR* (Finnische Staatsbahn) eine breitspurige *Vectron* von Siemens für Testzwecke vor Beginn der Serienproduktion. Diese wurde als Baureihe Sr3 bezeichnet und gilt heute als modernster E-Loktyp in Finnland.
Brian Solomon

↗ In Deutschland setzten mehrere private Bahngesellschaften *Vectron*-Loks der Baureihe 193 im Güterverkehr ein. Die 193-385 von *BoxXpress* zieht hier im September 2019 einen langen internationalen Containerzug durch Lorch.
Brian Solomon

→ MRCE vermietet europaweit Lokomotiven an private Bahnunternehmen mit grenzüberschreitendem Verkehr. Ihre Mehrsystem-Loks sind daher für den Betrieb unter zahlreichen unterschiedlichen Stromsystemen und verschiedenen Signalsystemen ausgerüstet, darunter auch für das European Train Control System ETCS. Eine blitzsaubere MRCE-*Vectron* fährt am Rheinufer entlang.
Brian Solomon

boxXpress.de
193 835
HAMBURG SÜD
MAERSK
75
4

MRCE

Siemens ACS-64

Die Loktype ACS-64 von Siemens ist eine ausgesprochen amerikanische Version des *Vectron*, der speziell für den Einsatz auf der Hochgeschwindigkeitsstrecke des Northeast Corridors zwischen Boston und Washington D.C. angepasst wurde. Die Lok kann unter Fahrleitung an drei verschiedenen Stromsystemen eingesetzt werden – mit 12 kV bei 25 Hz, und mit 12,5 kV oder 25 kV bei 60 Hz. Die Lok wurde wartungsarm konstruiert und ist gleichzeitig auf sehr hohe Verfügbarkeit ausgelegt. In der Konstruktion kommen die rigorosen nordamerikanischen Normen für Crash-Stabilität zur Anwendung, um die Lokbesatzungen zu schützen, wie das von der American Federal Railroad Administration (dt. etwa US-Bundesbehörde für Eisenbahn) vorgeschrieben ist.

Amtrak bestellte im Oktober 2010 von Siemens 70 Loks des Typs ACS-64, die im Siemenswerk von Sacramento, Kalifornien, montiert wurden. Diese Loks mit den Nummern 600 bis 669 sind als *Amtrak City Sprinter* bekannt und sollen bis zu 18 *Amfleet* Reisezugwagen mit 200 km/h ziehen können. Nach umfangreichen Probe- und Abnahmefahrten im Mai 2013 auf dem Testgelände des US-Verkehrsministeriums in Pueblo, Colorado, gingen die ASC-64-Loks ab Februar 2014 in den Regelbetrieb auf dem Northeast Corridor. *Amtraks* neuer Loktyp ersetzte dort schnell die abgenutzten Loks des in Schweden entwickelten Typs AEM-7 und Alstoms Typ HHP8 vor den Regionalzügen (*Northeast Corridor Regionals*) und auch den Fernzügen zwischen Boston, New York, Philadelphia und Washington D.C. sowie den vom Bundesstaat Pennsylvania finanzierten *Keystone* Zügen zwischen Philadelphia und Harrisburg. Auch der in Philadelphia ansässige Nahverkehrsbetreiber *SEPTA* lieh sich ACS-64er Loks von *Amtrak* für Tests und bestellte schließlich 15 Maschinen. Diese sollten die dort in die Jahre gekommenen Loks der Typen AEM-7 und ALP-44 im Wendezugbetrieb ersetzen und werden bei der nach dem Vorbild der *Amtrak* ebenfalls mit Betriebsnummern im Bereich 600 bezeichnet.

↙ Die ersten Loks der *Amtrak*-Baureihe 600 nahmen am 7. Februar 2014 an der Spitze des *Northeast Corridor Regional* Zuges 171 den Regelbetrieb auf, der westwärts von Boston nach Washington D.C. fuhr. Hier rast der Zug gerade durch Milford, Connecticut, auf einem Streckenabschnitt der früheren *New Haven Railroad*. *Brian Solomon*

↗ Im Jahr 2019 trug die *Amtrak*-Lok 606 eine Saison-Werbung für Coca-Cola. Abgebildet ist sie am 14. November vor dem *Amtrak*-Zug 98 (*Silver Meteor*) auf seiner Fahrt ostwärts von Princeton Junction, New Jersey. Die Werbung sollte darauf hinweisen, das *Amtrak* nunmehr Coke-Produkte an Bord seiner Züge anbot. *Patrick Yough*

→ *SEPTA*-Zug 6378 verlässt Woodbourne Station am 14. Juni 2019 in Richtung West Trenton, New Jersey, mit Lok 905 des Typs ACS-64 am Schluss dieses Wendezuges. *Patrick Yough*

SHARE THE MAGIC
ON AMTRAK
AMTRAK
Coca-Cola
606

905 905
SEPTA
SEPTA
905

Bibliographie

Bücher

Allen, G. Freeman. *The Fastest Trains in the World.* London: Scribner, 1978.

Archer, Robert F. *A History of the Lehigh Valley Railroad—Route of the Black Diamond.* Berkeley, CA: Howell-North Books, 1977.

Binney, Marcus, and David Pearce (Hrsg.). *Railway Architecture.* London: Bloomsbury Books, 1979.

Bruce, Alfred W. *The Steam Locomotive in America.* New York: Bonanza Books, 1952.

Burgess, George H. and Miles C Kennedy. *Centennial History of the Pennsylvania Railroad.* Philadelphia: Pennsylvania Railroad Company, 1949.

Bush, Donald J. *The Streamlined Decade.* New York: George Braziller, 1975.

Casey, Robert J., and W.A.S. Douglas. *The Lackawanna Story.* New York: McGraw-Hill, 1951.

Churella, Albert J. *From Steam to Diesel.* Princeton, NJ: Princeton University Press, 1998.

Collias, Jo G. *Mopac Power - Missouri Pacific Lines, Locomotives and Trains 1905 - 1955.* San Diego, CA: Howell-North Books, 1980.

Condit, Carl. *Port of New York.* Bände 1 & 2. *Chicago; IL: University of Chicago Press, 1980, 1981.*

Conrad, J David. *The Steam Locomotive Directory of North America.* Bände I & II. Polo, IL: Transportation Trails, 1988.

Cook, Richard J. *Super Power Steam Locomotives.* San Marino, CA: Golden West Books, 1966.

Corbin, Bernard G. and William F. Kerka. *Steam Locomotives of the Burlington Route.* Red Oak, IA: Bonanza Books, 1960.

Cupper, Dan. *Horseshoe Heritage: The Story of a Great Railroad Landmark.* Halifax, PA: Horseshoe Curve National Historic Landmark, 1996.

Dixon, Thomas W., Jr. *Chesapeake & Ohio - Superpower to Diesels.* Newton, NJ: Carstens, 1984.

Doherty, Timothy Scott, and Brian Solomon. *Conrail.* St. Paul, MN, MBI Publishing, 2004.

Dorsey, Edward Bates. *English and American Railroads Compared.* New York: Kessinger, 1887.

Drury, George H. *Guide to North American Steam Locomotives.* Waukesha, WI: Kalmbach, 1993, 2015.

——. *The Historical Guide to North American Railroads.* Waukesha, WI: Kalmbach, 1985, 1993.

——. *Santa Fe in the Mountains.* Waukesha, WI: Kalmbach, 1995.

Dubin, Arthur D. *More Classic Trains.* Milwaukee, WI: Kalmbach, 1974.

——. *Some Classic Trains.* Milwaukee, WI: Kalmbach, 1964.

Evans, Martin. *Pacific Steam: The British Pacific Locomotive.* Hemel Hampstead, UK: Model Aeronautic Press, 1961.

Farrington, S. Kip, Jr. *Railroading from die Rear End.* New York: Coward-McCann, 1946.

——. *Railroads at War.* New York: Coward-McCann, 1944.

——. *Railroads of Today.* New York: Coward-McCann, 1949.

Garmany, John B. *Southern Pacific Dieselization.* Edmonds, WA: Pacific Fast Mail, 1985.

Harlow, Alvin F. *The Road o the Century.* New York: Creative Age Press, 1947.

——. *Steelways of New England.* New York: Creative Age Press, 1946.

Harris, Ken, (Hrsg.). *World Electric Locomotives.* London: Jane's, 1981.

Haut, F.J.G. *The History of the Electric Locomotive.* London: A.S. Barnes, 1969.

——. *The Pictorial History of Electric Locomotives.* Cranbury, NJ: Oak Tree, 1970.

Hayes, William Edward. *Iron Road to Empire—The History of the Rock Island Lines.* New York: Simmons-Boardman, 1953.

Heath, Erle. *Seventy-Five Years of Progress—Historical Sketch of the Southern Pacific.* San Francisco: Southern Pacific Bureau of News, 1945.

Hilton, George W. *American Narrow Gauge Railroads.* Stanford University Press, 1990.

Hofsommer, Don L. *Southern Pacific 1901 — 1985.* College Station: Texas A&M, 1986.

Hollingsworth, Brian. *Modern Trains.* London: Arco, 1985.

Hollingsworth, Brian, and Arthur Cook. *Modern Locomotives.* London: Crescent Books, 1983.

Holton, James L. *The Reading Railroad: History of a Coal Age Empire.* Bände I&II. Laurys Station, PA: Garrigues House, 1992.

Hungerford, Edward. *Men of Erie.* New York: Random House, 1946.

Joddard, Paul. *Raymond Loewy, Design Heroes.* London: Taplinger, 1992.

Johnson, Bon, with Joe Walsh and Mike Schafer. *The Art of the Streamliner.* New York: Metro Books, 2001.

Johnson, Howard, and Ken Harris. *Jane's Train Recognition Guide.* London: Collins, 2005.

Keilty, Edmund. *Interurbans without Wires.* Glendale, CA: Interurban Press, 1979.

Kiefer, P.W. *A Practical Evaluation of Railroad Motive Power.* New York: Steam Locomotive Research Institute, 1948.

Kirkland, John, F. *Dawn of the Diesel Age.* Pasadena, CA: Interurban Press, 1994.

——. *The Diesel Builder.* Bände I, II & III. Glendale, CA: Interurban Press, 1983.

Kirkman, Marshall M. *The Compound Locomotive.* New York: Kessinger, 1899.

Klein, Maury. *Union Pacific.* Bände II & II. New York: Doubleday and Company, Inc. 1989.

Kratville, William, and Harold E Ranks. *Motive Power of the Union Pacific.* Omaha, NE: Barnhart Press, 1958.

Lamb, W. Kaye. *History of the Canadien Pafiicif Railway.* New York: Macmillan, 1977.

Le Massena, Robert A. *Colorado's Mountain Railroads.* Golden, CO: Smoking Stack Press, 1963

——. *Rio Grande to the Pacific.* Denver, CO: Sundance, 1974.

Loewy, Raymond. *The Locomotive (Its Esthetics).* New York: Universe, 1937.

Marre, Loius A. *Diesel Locomotives: The First 50 Years.* Waukesha, WI: Kalmbach, 1995.

Marre Loius A. and Jerry A. Pinkepank. *The Contemporary Diesel Spotter's Guide.* Milwaukee: Kalmbach, 1958.

Marshall, John. *The Guinness Book of Rail Facts and Feats.* Enfield, UK: Guinness Superlatives 1975.

Middleton, William D. *Landmarks on the Iron Road.* Bloomington, IN: Indiana University Press, 1999.

——. *When the Steam Railroads Electrified.* Milwaukee, WI: Kalmbach, 1974.

Morgan, David P. *Steam's Finest Hour.* Milwaukee, WI: Kalmbach, 1959.

Mulhearn, Daniel J., and John R. Taibi. *General Motors' F-Units.* New York: Quadrant Press, 1982.

Mullay, A.J. *Streamlined Steam, Britain's 1930s Luxury Expresses.* Devon, UK: David&Charles, 1994.

Nock, O.S. *British Locomotives of the 20th Century.* Bände 2 & 3. London: Haynes, 1984.

——. *LNER Steam.* London: A.M. Kelley, 1969.

Overton, Richard C. *Burlington Route.* New York: Alfred A. Knopf, 1965.

Protheroe, Ernest. *The Railways of the World.* London: Routledge & Sons, n.d.

Ransome-Wallis, P. *World Railway Locomotives.* New York: Hawthorn, 1959.
Reck, Franklin M. *The Dilworth Story.* New York: McGraw Hill Book Co., *1954.*
——. *On Time: The History of the Electro-Motive Division of General Motors.* Dearborn, MI: General Motors, 1948.
Rose, Joseph R. *American Wartime Transportation.* New York: Crowell, 1953.
Semmens, P.W.B. *High Speed in Japan.* Sheffield, UK: Platform 5, 1997.
Signor, John R. *Southern Pacific-Santa Fe Tehachapi.* San Marino, CA: Golden West Books, 1983.
Simmons, Jack. *Rail 150: The Stockton&Darlington Railway and What Followed.* London: Eyre Methuen, 1975.
Sinclair, Angus. *Development of the Locomotive Engine.* New York: MIT Press, 1970.
Snell, J.B. *Early Railways.* London: Octopus Books, 1972.
Solomon, Brian. *Alco Locomotives.* Minneapolis, MN: Voyageur, 2009.
——. *The American Steam Locomotive.* Osceola, WI: MBI Publishing. *1998.*
——. *Amtrak.* St. *Paul, MN: Voyageur, 2004.*
——. *Brian Solomon's Railway Guide to Europe.* Waukesha, WI: Kalmbach, 2018.
——. *Bullet Trains.* Osceola, WI: MBI Publishing, 2001.
——. *Electro-Motive, E-Units and F-Units.* Minneapolis, MN: Voyaguer, 2011.
——. *EMD F-Unit Locomtives.* North Branche, MN: Specialty Press, 2005.
——. *EMD Locomotives.* St. Paul, WI: MBI Publishing, 2002.
——. *Railway Masterpieces: Celebrating the World's Great Trains, Stations and Feats of Engineering.* Osceola, WI: MBI Publishing, 2002.
——. *Southern Pacific Passenger Trains.* St. Paul, MN: Voyaguer, 2005.
——. *Trains of the Old West.* New York: Michael Friedmann Publishing Group, 1998.
Solomon, Brian, and Mike Schafer. *New York Central Railroad.* Osceola, WI: MBI Publishing, 1999.
Staufer, Alvon F. *Pennsy Power III.* Medina, OH: Alvon Staufer, 1993.
——. *Steam Power of the New York Central System.* Band I, Medina, OH: Alvin Staufer, 1981.
Stilgoe, John R. *Metropolitan Corridor.* New Haven, CT: Yale University Press, 1983.
Stretton, Clement E. *The Development of the Locomotive.* London: Bracken Books, 1989.
Swengel, Frank M. *The American Steam Locomotive: Volume 1, Evolution.* Davenport, IA: Midwest Rail, 1967.
Taber, Thomas Townsend, and Thomas Taber Townsend III. *The Delaware, Lackawanna & Western Railroad, Part One.* Muncy, PA: Thomas T. Taber III, 1980.
Talbot, F.A. *Railway Wonders of the World.* Bände 1 & 2, London: Cassel & Co, 1914.
Taylor, Arthur. *Hi-Tech Trains.* London: Apple Press, 1992.
Westwood, J.N. *Soviet Railways Today.* London: Citadel, 1963.
White, John H., *Jr.* Early American Locomotives. *Toronto: Dover, 1979.*
——. *A History of the American Locomotive — Its Development: 1830 - 1880.* Baltimore: Johns Hopkins Press, 1968.
Whitelegg, John, and Staffan Hultén. *High Speed Trains: Fast Tracks to the Future.* North Yorkshire, UK: Leading Edge Press, 1993.
Winchester, Clarence. *Railway Wonders of the World.* Bände 1 & 2. London: Amalgamated Press, 1935.
Zimmermann, Karl R. *Erie Lackawanna East.* New York: Quadrant Press, 1975.
——. *The Remarkable GG1.* New York: Quadrant Press, 1977.

Broschüren, Flugblätter und Handbücher

Boston & Albany Railroad. *Facts about the Boston & Albany R.R.* 1933.
General Electric. *Dash 8 Locomotive Line.* n.d.
——. *Electro-Motive Division Model 567B Engine Maintenance Manual.* La Grange, IL: 1948.
——. *Electro-Motive Division F40PH-2C Operator's Manual.* La Grange, IL: 1988.
——. *Electro-Motive Division Model F3 Operating Manual No.* 2308B. La Grange, IL: 1948.
——. *Electro-Motive Division Model F7 Operating Manual No.* 2310. La Grange, IL: 1951.
——. *Electro-Motive Division Operating Manual No.* 2300. La Grange, IL: 1945.
——. *Electro-Motive Division SD70M Operator's Manual.* La Grange, IL: 1994.
——. *Genesis Series.* 1993.
——. *Electro-Motive Division SD80MAC Locomotive Operation Manual.* La Grange, IL: 1996-
——. *A New Generation for Increased Productivity.* Erie, PA: 1987.

US Patente

809,974. January 16, 1906. W. R. McKeen Jr.
972,467. October 11, 1910. W. R. McKeen Jr.
972,502. October 25, 1910. E. H. Harriman and W. R. McKeen Jr.
973,622. October 25, 1910. E. G. Budd.
1,628,595. May 10, 1927. F. Kruckenberg et al.
1,631,269. June 7, 1927. P. Jaray.
1,727,070. September 3, 1929. F. Kruckenberg et al.
1,927,072. September 19, 1933. E. J. W. Ragsdale.
2,079,748. May 11, 1937. Martin Blomberg.

Berichte und Unveröffentlichte Quellen

Chappell, Gordon. *Flanged Wheels on Steel Rails — Cars of Steamtown.* Unpublished manuscript.
Clemensen, A. Berle. *"Historic Research Study: Steamtown National Historic Site Pennsylvania."* Denver, CO: US Department of the Interior, 1988.
Warner, Paul T. *"Compound Locomotives."* Paper presented in New York, April 14, 1939.
——. *The Story of the Baldwin Locomotive Works.* Philadelphia, 1935.

Zeitschriften

Baldwin Locomotives. Philadelphia, PA. (Wird nicht mehr publiziert.)
Diesel Era. Halifax, PA.
Jane's World Railways. London. Journal of the Irish Railway Record Society. Dublin.
Locomotive & Railway Preservation. Waukesha, WI. (Wird nicht mehr publiziert.)
Modern Railways. Surrey, UK.
Official Guide to the Railways. New York.
Rail. Peterborough, UK.
RailNews. Waukesha, WI. (Wird nicht mehr publiziert.)
Railroad History, formerly Railway and Locomotive Historical Society Bulletin. Boston, MA.
Railway Age. Chicago and New York.
Railway Gazette, 1870–1908. New York (vereinigt mit Railway Age in 1927).
Today's Railways. Sheffield, UK.
Trains. Waukesha, WI.
Vintage Rails. Waukesha, WI. (Wird nicht mehr publiziert.).

Register

Die englischsprachige Originalausgabe erschien 2020 unter dem Titel »Rails around the world: two centuries of trains and locomotives« bei Motorbooks, einem Imprint von
The Quarto Group, 100 Cummings Center, Suite 265-D, Beverly, MA 01915, USA.
T (978) 282-9590 F (978) 283-2742

www.QuartoKnows.com

First published in Germany by transpress Verlag.

Deutsche Fassung: Bernhard Senger

Einbandgestaltung: Luis Santos

Titelbild:
Lok GP38 252 der Conway Scenic, lackiert in den Originalfarben der Maine Central, zieht einen Ausflugszug über die Willey Brook Brücke bei Crawford Notch, New Hampshire. Die von General Motors EMD gefertigte GP 38 stammt aus einer Lokfamilie, zu der auch die bekannte Typenreihe der F-Einheiten der 1940er und 1950er Jahre sowie die Dash-2-Serie der 1970er und 1980er Jahre gehören.
Foto: Brian Solomon

Bildnachweis: Die zur Illustration dieses Buches verwendeten Aufnahmen stammen – wenn nichts anderes vermerkt ist – vom Verfasser.

Produkthinweis:
Dieses Buch wurde nach den geltenden Vorschriften der General Product Safety Regulation (GPSR) entwickelt.
Bei Fragen oder Problemen wenden Sie sich bitte an den Verlag unter folgender E-Mail-Adresse:
gpsr@paul-pietsch-verlage.de

Eine Haftung des Autors oder des Verlages und seiner Beauftragten für Personen-, Sach- und Vermögensschäden ist ausgeschlossen.

ISBN 978-3-613-71741-1

2. korrigierte Auflage (zuvor 2021 erschienen unter ISBN 978-3-613-71612-4)

Sie finden uns im Internet unter www.transpress.de

Acquiring Editor: Dennis Pern (Originalausgabe),
Lektor: Hartmut Lange (dt. Fassung)
Innengestaltung: Elizabeth Van Itallie
Printed in Europe

FSC www.fsc.org MIX Papier | Fördert gute Waldnutzung FSC® C118234